上海大学出版社

2005年上海大学博士学位论文 44

概念格分布处理及其框架下的知识发现研究

● 作者：李　云

● 专业：控制理论与控制工程

● 导师：刘宗田

Shanghai University Doctoral Dissertation (2005)

Research on Distributed Treatment of Concept Lattices and Knowledge Discovery Based on its Framework

Candidate: Li Yun
Major: Control Theory and Control Engineering
Supervisor: Liu Zongtian

Shanghai University Press
· Shanghai ·

上 海 大 学

本论文经答辩委员会全体委员审查，确认符合上海大学博士学位论文质量要求。

答辩委员会名单：

主任：	**尤晋元**	教授，上海交大计算机科学工程系	200030
委员：	**胡运发**	教授，复旦大学计算机信息技术系	200433
	蒋昌俊	教授，同济大学电子信息工程学院	200080
	吴耿锋	教授，上海大学计算机学院	200072
	童维勤	教授，上海大学计算机学院	200072
导师：	**刘宗田**	教授，上海大学	200072

评阅人名单：

尤晋元	教授，上海交大计算机科学与工程系	200030
顾　宁	教授，复旦大学计算机信息技术系	200433
杨　杰	教授，上海交大自动化系	200030

评议人名单：

蒋昌俊	教授，同济大学电子信息工程学院	200080
陈　崚	教授，扬州大学信息学院	230005
缪淮扣	教授，上海大学计算机学院	200072
沈　洁	教授，扬州大学信息学院计算机系	230005

答辩委员会对论文的评语

李云同学的博士学位论文研究了概念格的分布处理及其在知识发现中的应用，具有重要的学术和实际价值。

该论文的研究工作及创新包括如下：

(1) 提出了一种基于属性的概念格生成算法，弥补了现有算法的不足。

(2) 提出了一种多概念格的合并算法，为分布处理奠定了基础。

(3) 定义了量化封闭项集格，发现提取最小无冗余关联规则的关键是找出格中节点所对应的最小项集集合，给出了从格中直接提取这类规则的两种计算方法，降低了提取该类规则的时间复杂度。

(4) 提出了全局简洁关联规则的概念，给出了利用概念格提取全局简洁规则的算法。

(5) 提出了量化规则格，实现了概念格更新的同时，对关联规则的更新。

(6) 提出了利用概念格的分布处理获取关联规则的方案。

论文的研究工作表明作者具有扎实宽广的基础理论及系统深入的专门知识，独立科研能力强。论文立论正确，结构合理，论述清楚，已达到博士学位论文的要求。

在答辩过程中，回答问题正确。

答辩委员会表决结果

答辩委员会经过表决，一致同意通过李云同学的博士学位论文答辩，建议授予工学博士学位。

答辩委员会主席：尤晋元

2005 年 3 月 10 日

摘　要

概念格以其良好的数学性质已成功地应用于知识发现等诸多领域,但由于概念格自身的完备性,构造概念格的时间复杂度一直是影响形式概念分析应用的主要障碍。概念格应用的前提是概念格的构造。现在概念格的渐进式构造算法表现出了更强的生命力和适应性。但目前基本上都是属于基于对象的渐进式算法,而基于属性的构造算法未见报告。实际上,形式背景中数据的变化应该包括两个方面:一是对象的增减,二是属性的增减。增加属性可能使原来不能区分的对象能够区分,删除属性就可能使原来属于不同类的对象变为同一类。通过对概念格中概念之间的相互关系的了解,和对象和属性之间相互关系的研究,本文提出并实现了基于属性的概念格构造算法,特别是基于属性的渐进式生成算法。它不仅为概念格的生成提供了一种新的方法,而且解决了在已构造好概念格的前提下,增加属性所带来的概念格更新问题,另外,它也为分布式存储的形式背景的概念格横向合并提供了基础。

随着处理的形式背景的增大,构造概念格的时空复杂度也会随着急剧增大。研究采用新的方法和手段来构造概念格,就成为概念格研究的主要内容之一。现在已经提出的构造概念格的多种算法基本上是针对单个概念格的。采用分治策略来构造概念格是解决这一问题的有效途径。概念格的分布处理就是通过形式背景的拆分,形成分布存储的多个子背景,然后同时构造相应的子概念格,再由子概念格的合并得到所需的概念格。

由于概念格是其形式背景中的概念间关系的表现形式,它和对应的形式背景是一一对应的。因此,对概念格的分布处理必然涉及形式背景的拆分、合并等处理。本文从形式背景的并置和叠置出发,定义了两种类型的形式背景和概念格;并对不一致背景的处理进行了研究;证明了横向合并的子形式背景的概念格和子背景所对应的子概念格的横向合并是同构的;结合子概念格中概念间固有的泛化-特化关系,继承已有的概念格渐进式构造的算法,并对其进行改造,形成能满足多个子概念格合并处理要求的算法。

数据挖掘是自动从数据中提取出人们感兴趣的潜在的可用信息和知识,并将提取出来的信息和知识表示成概念、规则和模式。关联规则是发现知识的主要形式。提取关联规则的主要步骤是频繁项集的获取,而一个事务数据库中频繁项集的数量往往很庞大,从频繁项集中提取的规则就会很多,且存在大量的冗余。为了缩减频繁项集的数目同时也不丢失有用信息,现在采用频繁封闭项集来提取最小无冗余的关联规则。

本文通过对现有利用频繁封闭项提取规则算法的仔细研究和分析,结合概念格的特点,对基于概念格提取最小无冗余关联规则进行了较深入的研究。为了便于提取最小无冗余关联规则,定义了量化封闭项集格,发现了提取最小无冗余关联规则的关键是找出格中每个节点的项集所对应的同交易的频繁项集集合中的最小项集的集合,并给出采用幂集和差集两种方案分别获取该最小项集的集合SLIT的算法;给出了从量化封闭项集格直接提取最小无冗余的关联规则的算法。为了进一步减少所提取规则的数量，以满足用户的特定需要，本文还提出了全局简洁关联规则的概念，并给出了利用概念格提取全局简洁关联规则的算法。

目前研究关联规则提取的工作很多，但研究规则的更新的工作相对较少。实际上，规则的更新问题和规则的提取问题一样，也是知识发现研究的重要环节。本文为了实现对最小无冗余的关联规则的更新，对量化封闭项集格的结构作了进一步的扩充，提出了量化规则格，实现了在概念格更新的同时，对最小无冗余关联规则所对应的最小项集集合 SLIT 的更新。由于量化规则格和格节点对应的具有相同交易集的最小项集是渐进生成的，因此，它非常适合于从动态数据库中提取最小无冗余的关联规则并且可方便地实现规则的渐增更新。

利用概念格的分布处理，把形式背景进行拆分，分别构造相应的部分概念格，然后进行部分概念格合并，得到完整概念格，再提取出相应的关联规则是从概念格中获取知识的一种有效手段；同样，先从部分概念格中分别提取出规则，然后直接进行规则的合并处理，也是获取知识的一种更直接更有效的手段。本文也在这方面做了一定的探索，分别给出了其框架图，并对部分规则集如何核查其在全局数据库中的有效性和最终有效规则的集成等问题做了一定的研究，并给出了简单实例以验证其正确性。

关键词　概念格，形式背景，部分格，并置和叠置，分治策略，频繁封闭项集，同交易项集，最小无冗余规则，简洁规则，量化封闭项集格，量化规则格，部分有效规则，最终有效规则

Abstract

The concept lattices with the favorable mathematic properties have been successfully applied in a lot of fields such as Knowledge Discovery, but the time complexity of building concept lattice is a factor restricting the application of formal concept analysis for the completeness of concept lattice. The concept lattice construction is a premise of the application of Formal Concept Analysis (FCA). At present, the incremental formation algorithm of concept lattice has behaved strong vitality and flexibility. Most of such algorithm is object-based approaching algorithm, which is based on adding objects gradually into the lattice being formed, but the attribute-based algorithm has not been reported. However, the context varies in two directions: one is in objects, the other is in attributes. The undistinguishable objects can be distinguished as the increasing attributes, and the distinguishable objects become the same category as the decreasing attributes. This dissertation suggests a different incremental algorithm of concept lattice construction, which is attribute-based, i.e., the algorithm is based on increasing attributes during the construction process. It not only provides a new approach for building concept lattice, but also resolves the problem of concept lattice update caused by appending new attributes into an existing context of the lattice, in addition establishes the foundation for the horizontal union of concept lattices of distributed contexts.

With the increase of formal contexts, the time and space complexity of building concept lattice will sharply increase. It is one of the most important contents for the concept lattice technique to research the new methods and techniques of concept lattice construction. The many algorithms of building concept lattice are aimed at single concept lattice. The Divide-and-conquer Strategy is the effective approach of forming concept lattice. The approach of distributed construction of concept lattice is as follows: First decompose the formal context into many sub-contexts and construct corresponding sublattice, then obtain the concept lattice by combining these sub-lattices.

Concept lattice is a representation of relationship between concepts in formal context, and it is corresponding one by one with the formal context, so the distributed treatment of concept lattice certainly relates to some treatments and operations such as the decomposition and combination of context. Based on the horizontal and vertical combination or apposition and subposition in formal contexts, this dissertation defines two kinds of contexts and lattices, and researches the method of inconsistent contexts treatment, and also proves that the concept lattice of subcontexts horizontally combined is isomorphic to the horizontal union of sublattices of these subcontexts. Using the inherent general-special relation between concepts in sublattice and inheriting the existed incremental algorithm of concept lattice construction and modifying the algorithm, the horizontal union algorithm of multiple concept lattices to construct the concept lattice is presented, which is very suitable for combining many sub-lattices.

Data Mining is to extract automatically the usable potential information and knowledge from data, and these information and knowledge express as concept, rule or pattern. The association rule is the main form of knowledge extracted from the database, and which is one of the major goals in the data mining. The rules are usually extracted from frequent itemsets, but the number of frequent itemsets is enormous. There exist many redundant rules during rules are extracted from frequent itemsets. In order to reduce the number of frequent itemsets without loss any useful information, frequent closed itemsets are adopted to extract the minimal non-redundant association rules.

Based on careful studying and analyzing the algorithms for mining rules from the frequent closed itemsets and the inherent closure properties in concept lattice, this dissertation carries through the deeply research on extracting the minimal non-redundant rules on the concept lattice. In order to extract the minimal non-redundant rules conveniently, we define the Quantitative Closed Itemset Lattice (QCIL) and find out the key of extracting such rule is to obtain the least itemsets in the set of frequent itemsets with the same tidset which corresponds to the nodes in such lattice, and provide the methods of computing the Set of the Least ITemsets (SLIT) by adopting power set and difference set, and present an innovative algorithm of extracting the association rule, which can directly extract minimal non-redundant association rules from the QCIL. For the sake of more reducing the number of rules to satisfy special requirement of user, this dissertation brings forward the global succinct association rule, and presents the algorithm of extracting such rule using concept lattice.

At present, there are a lot of researches on extracting associate rules but a few of researches on updating associate rules. In fact, it is also the same important part as the extracting rules to updating rules in Knowledge Discovery. For updating minimal non-redundant rules, this dissertation expands the structure of the quantitative closed itemset lattice, and presents the Quantitative Rule Lattice (QRL), and realizes the SLIT updated which corresponds to such rules at the same time of updating the QRL. Because of incremental formation of QRL and the set of the least itemsets, the QRL is very suitable not only for extracting the minimal non-redundant rules from the dynamic database but also for realizing the rule updated incrementally.

According to the distributed treatment of concept lattice, a formal context is split into many partial contexts and corresponding partial lattices are constructed, then the complete concept lattice is obtained by combining these partial lattices. Therefore, it is an effective means of acquiring knowledge to extract corresponding association rules from the complete concept lattices. There is a more direct and effectual means to obtain the final rules by combining the partial rules mined from the partial lattices. This dissertation makes some investigations on this aspect, and presents its framework, and researches on how to verify the validity of partial rule set in full database and to integrate the partial rules into the final valid rules. Finally, a simple example is conducted to illustrate the correctness of our solution.

Key words concept lattice, formal context, partial lattice, apposition and subposition, divide-and-conquer strategy, frequent closed itemset, itemset with the same tidset, minimal non-redundant rule, succinct rule, quantitative closed itemset lattice, quantitative rule lattice, partial valid rule, final valid rule.

目 录

第一章 绪 论

1.1 研究的背景与意义

在形式概念分析[1]中，概念的外延被理解为属于这个概念的所有对象的集合，而内涵则被认为是所有这些对象所共有的特征（或属性）集合，这实现了对概念的哲学理解的形式化。而概念格作为形式概念分析中核心的数据结构，本质上描述了对象和特征之间的联系，表明了概念之间的泛化与例化关系，其相应的 Hasse 图则实现了对数据的可视化。作为序论和格论与实际应用结合的产物，概念格模型的研究具有重要的理论意义。目前国际国内对概念格的数学性质、与模糊集合和粗糙集合之间的关联等方面做了大量研究，取得了一系列重要成果[2,3]，并已在数据分析、信息检索和知识发现等方面得到了广泛的应用[2,4,5]。

但是，概念格构造的时间复杂性和空间复杂性问题始终是困扰其应用的一大难题。国内外的研究人员虽然已经提出了一系列概念格构造算法，但现有的算法大多都是考虑数据库对象方向的渐增更新问题，而对属性方向的渐增更新问题未见报道。也就是说现有的算法不适应于形式背景在属性方向上的更新需要。因此，研究基于属性的概念格构造算法是有意义的。

概念格构造算法[6,7]可以分为两类：渐进式算法和批处理算法。渐进式算法表现出了更强的生命力[8,9]，但其结果仍然不能令人满意，其原因就在于这些算法基本上都是串行的，而生成的概念格所采用的都是集中式存储模式。

采用分治策略来构造和存储概念格是有效地解决这一问题的主

要途径。由于概念格有良好的数学性质和层次结构等特点，因此，概念格的分布处理模式，是解决上述问题是非常理想的工具。通过对形式背景(Context)的分割，形成多个子背景，然后再对子背景分布构造其子格，最后再进行子格的合并形成完整概念格，在这方面国际上只有 P. Valtchev 等作了一些尝试[10,11]，通过枚举两个子格概念之间的组合，计算出其对应的全局格概念。但由于一个部分格的概念对另一部分格的概念是遍历计算，会产生较大的重复，从而影响了 P. Valtchev 所提算法的效率。研究如何进行有效概念格的分布处理具有现实的意义。

从数据库中提取规则是知识发现的主要内容，现已出现了大量提取规则的算法[12,13]。规则一般都是从频繁项集中提取的，而频繁项集的数量是很庞大的，且从中提取的规则还存在着大量的冗余规则。为了缩减频繁项集的数目，减小提取规则的搜索空间同时也不丢失有用信息，现在提出了用频繁封闭项集来提取关联规则。从事务数据库中提取频繁封闭项集的方法有 CLOSE[14]、CHARM[15]、CLOSET[16]等多种。其中 CLOSE、CHARM 算法需多次扫描原事务数据库，且需产生候选项集，但数据库增加事务时就需重新处理。CLOSET 虽只对数据库扫描一次，也无需产生候选集，但它也不适应数据库更新的要求。而基于概念格的关联规则提取算法与传统的算法相比也具有相当的优点[17-19]。从格中提取无冗余规则的最小集合，对用户获取有用的知识，降低所需的时空复杂度是有益的[20-22]，但这方面还很不完善。而如何和概念格分布处理相结合，目前未见有相关的研究报告。

研究概念格分布处理的相关算法，将为实际应用提供有效方法；研究把概念格的分布处理和规则提取相结合，利用概念格和对应的最小无冗余规则的关系，并且利用多概念格的合并直接得到完整格及其对应的规则集合，将极大地降低规则提取所需的时间和空间开销。因此，研究概念格分布处理及其在概念格分布处理框架下的获取有用的知识，具有重要的理论意义和实用价值。

1.2 论文概要与主要贡献

概念格应用的前提是概念格的构造。自从Godin提出概念格的渐进式构造[23]以来,概念格构造方面的研究得到了新的发展。渐进式算法表现出了更强的生命力和适应性。但现有的算法基本上都是属于基于对象的渐进式生成概念格的算法,而基于属性的构格算法还没见报告。实际上,形式背景中数据的变化应该包括两个方面:一是对象(实例)的增减,二是属性(特征)的增减。增加属性可能使原来不能区分的对象能够区分,删除属性就可能使原来属于不同类的对象变为同一类。对于已经构造好的概念格,发生属性的增删时,就需对概念格进行基于属性的更新,这时若采用传统的基于对象的渐进式算法就需重新构造整个概念格。通过对概念格中概念对象和属性之间相互关系的研究,本文提出并实现了基于属性的渐进式生成算法[24]。它不仅为概念格的生成提供了一种新的方法,而且解决了在已构造好概念格的前提下,增加属性所带来的概念格更新问题,另外,它也为分布式存储的形式背景及其概念格的横向合并(属性合并)提供了基础。若把该算法和基于对象的渐进式概念格生成算法相结合,就可以灵活地处理不同情况下对概念格的更新问题。

由于概念格自身的完备性,构造概念格的时空复杂度一直是影响形式概念分析应用的主要障碍。随着处理的形式背景的增大,概念格的时空复杂度也会随着急剧增大。研究采用新的方法和手段来构造概念格,就成为概念格研究的主要内容之一。现在已经提出了构造概念格的多种算法,取得了一系列重要成果,但是这些研究基本上是针对单个概念格的。概念格的分布处理[25]是解决该问题的有效手段。它就是通过形式背景的拆分,形成分布存储的多个子背景,然后同时并行构造相应的子概念格,再由子概念格的合并得到所需的概念格。

由于概念格是其形式背景中的概念间关系的表现形式,它和对应的形式背景是一一对应的。因此,对概念格的分布处理必然涉及形式背景的拆分、合并等处理。形式背景的横向、纵向合并称为形式背景的并置(Apposition)和叠置(Subposition)[1]。因而,多概念格的合并就有横向合并和纵向合并两种。继承已有的概念格渐进式构造的算法,并对其进行改造,形成能满足多个子概念格合并处理要求的算法[26],是很有意义的。

数据挖掘[13]是随着KDD(Knowledge Discovery in Datadase)的研究而发展起来的,是一种从大型的数据库中发现和提取掩藏在其中的信息的一种新技术。数据挖掘在于自动从数据中提取出人们感兴趣的潜在的可用信息和知识,并将提取出来的信息和知识表示成概念、规则和模式。

而一个事务数据库中频繁项集的数量往往很庞大,从频繁项集中提取的规则就会很多,且存在大量的冗余。为了缩减频繁项集的数目同时也不丢失有用信息,现在提出了用频繁封闭项集[14-16]来提取最小无冗余的关联规则。

在挖掘规则知识过程中,规则本身是用内涵(特征、属性)集之间的关系来描述的,而体现于相应外延(对象)集之间的包含关系。概念格节点正好反映了概念内涵和外延的统一,节点间关系体现了概念之间的泛化和例化关系,另外由于概念格中概念对象和属性间固有的封闭性,它也很适合于表示封闭项集间的关系。因此概念格非常适合作为规则发现的基础性数据结构。

本文通过对现有利用频繁封闭项集(Frequent Closed Itemset)提取规则算法的仔细研究和分析,结合概念格的特点,对基于概念格提取最小无冗余的关联规则进行了较深入的研究。为了便于提取最小无冗余的关联规则,定义了量化封闭项集格(Quantitative Closed Itemset Lattice,简记为QCIL),发现了提取最小无冗余关联规则的关键是找出格中每个节点的项集所对应的同交易的频繁项集集合(SFIST)中的最小项集的集合(the Set of the Least Itemsets),简记为SLIT。并采用幂集和差集两种方案分别获取SLIT,从QCIL直接提取最小无冗余的精确规则和近似规则[27-29]。

研究概念格应用于无冗余的关联规则挖掘，将会充分发挥概念格自身的信息完备性，为减少规则提取所需的时间和空间复杂度提供的基础和保证。目前研究关联规则的提取工作很多，但研究规则的更新工作相对较少[30]。实际上，规则的更新问题和规则的提取问题一样，也是知识发现研究的重要环节。本文为了实现对最小无冗余的关联规则的更新，对 QCIL 的结构作了进一步的扩充，提出了量化规则格，实现了在概念格更新的同时，对最小无冗余的关联规则所对应的 SLIT 的更新。

利用概念格的分布处理，把形式背景进行拆分，分别构造相应的部分概念格，然后再进行部分概念格合并，得到完整概念格，再提取出相应的关联规则是从概念格中获取知识的一种有效手段；同样，先从部分概念格中分别提取出规则，然后直接进行规则的合并，也是获取知识的一种更直接更有效的手段。本文也在这方面做了一定的探索。

本文各章节的详细设置情况如下：

论文第二章首先对形式概念分析及其概念格模型进行简单的介绍，然后简述了多值形式背景的处理和几种概念格的扩展模型，最后，对形式概念分析和概念格在数据挖掘、软件工程、信息检索等方面的应用进行了综述和总结。

论文第三章主要讲述概念格的生成和维护方面的算法和技术。首先对现有的概念格生成算法进行了一定的总结，然后重点讲述了两个基于属性的概念格生成算法，并对概念格在对象和属性两个方向上的删除维护技术作了简述。

论文第四章主要讲述通过对形式背景的拆分来构造子概念格，再由子格的合并形成完整概念格的分布处理技术及其算法，详细讲述了概念格的横向合并算法及其实现。

论文第五章主要讲述把概念格应用于规则提取所涉及的有关的项集、封闭项集、封闭项集格等概念，并定义了同交易的频繁项集集合，对同交易的频繁项集中的最小项集集合的计算进行了详细的描述，为第六章把概念格应用于规则提取，特别是最小无冗余关联规则的提取奠定了基础。

论文第六章讲述如何把概念格应用于关联规则的提取的技术，重点讲述对最小无冗余关联规则的提取。并以提取最小无冗余关联规则的思想为前提，提出简洁规则的概念及其提取技术。由于同交易的频繁项集集合中的最小项集集合是提取最小无冗余关联规则的关键，为了实现对最小无冗余关联规则的更新，提出了量化规则格的概念，实现了在概念格更新的同时，更新最小项集集合的算法和技术。

论文第七章讲述利用概念格的分布处理，采用两种方案来提取关联规则。第一种方案是利用概念格的分布处理，然后通过子格的合并形成完整概念格，再提取出相应的关联规则；第二种方案是先从部分概念格中分别提取出规则，然后直接进行规则的检测和集成，得到所需的完整关联规则。

论文第八章评价和总结了论文的工作，并提出一些有待于进一步研究的问题。

第二章　概念格及其应用

2.1　形式概念分析的理论基础

人类在认识过程中，把所感觉事物的共同特点抽出来，加以概括，就称为概念。在哲学中，概念被理解为由外延和内涵两个部分所组成的思想单元。基于概念的这一哲学思想，德国的R. Wille教授于1982年首先提出了形式概念分析[1]。概念格，也称为Galois格，概念格的每个节点是一个形式概念，由两部分组成：外延，即概念所覆盖的实例；内涵，即概念的描述，亦即该概念覆盖实例的共同特征。概念格通过Hasse图直观而简洁地体现了这些概念之间的泛化和特化关系。目前，概念格在数据挖掘、信息检索、软件工程和知识发现等方面都得到了广泛的应用。

2.1.1　形式背景和概念

形式概念分析的基本观点与形式背景(Formal Context)和形式概念(Formal Concept)有关。

定义2.1　一个形式背景$K=(G, M, I)$由集合G、M以及它们之间的关系I组成，$I \subseteq G \times M$，G的元素称为对象(Objects)，M的元素称为属性(Attributes)。为了表示一个对象g和一个属性m在关系I中，可以写成gIm或$(g, m) \in I$，并且读成“对象g有属性m”。

在形式概念分析中的形式背景(Formal Context)，也就是一个数据信息表，如表2.1所示。

表 2.1　形式背景示例

G \ M	a	b	c	d
1	×	×		×
2	×		×	
3	×	×		
4	×	×		×
5	×			

实际上,这种形式背景是单值的形式背景。

定义 2.2　形式背景的对象集 $A \in P(G)$,属性集 $B \in P(M)$之间可以定义两个映射 f 和 g 如下:

$$f(A)=\{m \in M \mid \forall g \in A, gIm\},\ g(B)=\{g \in G \mid \forall m \in B, gIm\}。$$

则称从形式背景中得到的每一个满足 $A=g(B)$且 $B=f(A)$的二元组(A, B)为一个形式概念(Formal Concept),简称概念。其中 A 是对象幂集 P(G)的元素,称为概念(A, B)的外延(Extent),B 是属性幂集 P(M)的元素,称为概念(A, B)的内涵(Intent)。

为了书写的简便起见,有时引入"′"符号表示在外延或内涵集上应用映射函数 f 或 g 的操作,如 $A'=f(A)$、$B'=g(B)$,而 $A''=g(f(A))$、$B''=f(g(B))$。

2.1.2　概念格及其表示

一个最小的子概念和一个最大的父概念,有时把最小的子概念对于给定的形式背景 $K=(G, M, I)$,若概念 $C_1=(A_1, B_1)$和 $C_2=(A_2, B_2)$,满足 $A_1 \subseteq A_2$,或 $B_2 \subseteq B_1$,则称(A_1, B_1)为子概念(或亚概念),(A_2, B_2)为父概念(或超概念),记为:$(A_1, B_1) \leqslant (A_2, B_2)$。若不存在 $C_3=(A_3, B_3)$,满足$(A_1, B_1)<(A_3, B_3)<(A_2, B_2)$,则称$(A_1, B_1)$为直接子概念,$(A_2, B_2)$为直接父概念。这种由形式背景中所有形式概念的超概念-亚概念的偏序关系(也称泛化-特化关系)所诱导出的格称为概念格(Concept Lattice),记为 L(K)。在概念格的

所有概念中，一定存在念称为概念格中的"0"元概念，最大的父概念称为概念格中的"1"元概念。

概念格可以用图形化形式表示为有标号的线图，图中的节点表示一个概念，节点间的连线表示节点间存在泛化-特化关系。这种线图也称为 Hasse 图，它是概念格的可视化表示。图 2.1 所示的是表 2.1 的形式背景对应的概念格的 Hasse 图。其中，节点 1＃就是该概念格中的"1"元概念，节点 8＃就是该概念格中的"0"元概念。

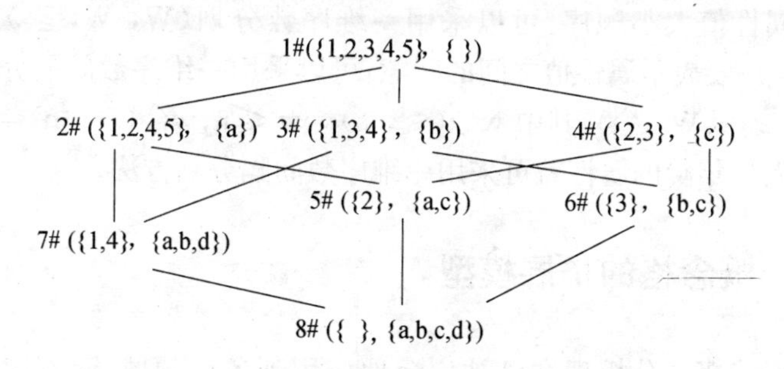

图 2.1　表 2.1 的形式背景所对应的概念格

2.1.3　多值形式背景及其处理

定义 2.3　一个多值形式背景(G, M, W, I)由集合 G, M 和 W 以及这三者之间的一个三元关系 I 组成，$I \subseteq G \times M \times W$ 且下式成立：

$$(g, m, w) \in I \text{ 且 } (g, m, v) \in I \text{ 总蕴含有 } w = v。$$

G 的元素称为对象，M 的元素称为(多值)属性，W 的元素称为属性值。$(g, m, w) \in I$ 读为"对象 g 的属性 m 有值 w"。如果 W 有 n 个元素，则称(G, M, W, I)为 n-值形式背景。多值属性可以被认为是从 G 到 W 的偏射。所以，通常用 $m(g) = w$ 来代替 $(g, m, w) \in I$。

如何从一个多值形式背景中得到形式概念？方法是按照一定的规则，将多值形式背景变换成单值形式背景，然后对相应的单值形式背景进行处理。一般情况下，没有一种方法能自动从多值背景中获取适当的形式背景。在形式概念分析中，是通过概念分划将多值背景转化为单值的形式背景[1]。因此,为了得到多值形式背景K的概念格,首先必须对K进行概念分划(Conceptual Scaling)[31]。对属性及其属性值进行概念解释,可以采用不同的概念分划方法[32]。最简单的分划是名义分划(W,W,=),即直接用属性的值作为新的属性,如颜色属性的值有红色、黄色、绿色等多个值,采用名义分划就把颜色属性分割为红色属性、黄色属性和绿色属性。这种方法可以在概念上区分不同的属性值,但不能反映属性值之间的大小关系。为了表示属性值大小顺序,可以采用一维序数分划(W, W, ≥)或(W, W, ≤);要表示属性值之间的间隙,可以采用一维序数间隔分划(W, {≤, ≥}×W, ◇),其中 $w\Diamond(\leqslant, n)\Leftrightarrow w\leqslant n$; $w\Diamond(\geqslant, n)\Leftrightarrow w\geqslant n$。例如人员年龄的属性就可采用一维序数间隔分划方法。

2.2 概念格的扩展模型

形式概念分析现在已被广泛地应用到各个领域,而不同领域又有其特点。因此,在为了更好地把概念格应用到具体的领域,通常要对概念格模型进行必要的扩展。

2.2.1 量化概念格

概念格由于概念节点中既包含对象集,又包含属性集。而在实际应用中往往更关注其属性集,对其具体的对象往往并不关注。譬如,超市商品交易数据库,人们往往关心的是顾客所买的各种商品及其相互的内在关联,而对具体的顾客往往不感兴趣,更多的可能关心购买商品的顾客数量。因此,在概念格应用过程中,经常把概念节点中的对象集用对象集的势来代替,即把概念C=(A, B)中的对象集A用其势|A|来代替,所形成的概念格中的概念形式为C=(|A|, B)。这种概念格可称为量化概念格(Quantitative Concept Lattice)[33]。当然,其他的概念格扩展模型都可以在量化概念格的基础上进行扩展,如量化简约概念格、量化规则格、量化封闭项集格[28]等。

2.2.2 加权概念格

传统概念格的概念中的属性集中的各个属性并没有重要不重要之分，它们只是对象集A所共有的最大属性集。实际上，在实际的形式背景(或称数据表)中，各个属性往往不是同等重要的。譬如，医院对患者进行各种医学检查，就形成了患者情况数据库，其中可能有体温、血压、心电图、肝功能指标、肺功能指标等。而不同的检查指标对医生诊断患者疾病的参考价值是不同的，如对于非典(SARS)病，需重点关注的可能是体温、肺功能指标；对于心脏病就可能关注血压、心电图等指标。也就是说，一个形式背景中的各个属性，不同的应用要求，可能对各属性的关注程度是不同的。因此，对形式背景中不同属性根据不同的应用要求，分配不同的权值，会更满足实际应用的需要。由此形成的概念格可称为加权概念格(Weighted Concept Lattice)[34]。其中，主要的问题就是如何给属性分配不同的权重。

2.2.3 约简概念格

对概念格节点的属性集作必要的扩展，用一个等价的特征组来替代原来的属性集，即概念C=(A, B)=(A, B={B1, B2, …, Bk})=(A, equ(A))，其中equ(A)={Bi|Bi⊆f(A)∧g(Bi)=A}，也就是说把概念的属性集用其等价内涵来代替，这样就形成了扩展概念格[35,36]。

在一个扩展概念C=(A, B)中如果C的某个等价内涵Bj满足：$\exists Bs \subset (B-\{Bj\})$ 且 $Bs \neq \Phi \wedge Bj = \bigcup_{P \in Bs} P$，则Bj称为冗余内涵(Redundant Intension)。那么，C=(A, B-{C的所有冗余内涵})就是一个约简概念(Reduce Concept)。也就是说对扩展概念格的等价内涵进行适当的约简，即从等价内涵中去掉一些冗余内涵就形成了约简概念格(Reduced Concept Lattice)[37]。

2.2.4 规则概念格

概念格应用的一个最成功的领域就是数据挖掘中关联规则的提

取[5,38,39]。为了便于对关联规则进行提取,往往也要对概念格节点的结构进行适当的调整。我们在文[28,29]中,为了提取被称为最小无冗余的蕴涵规则和近似规则,把格结构作了如下的调整:不仅保留节点的对象、内涵还保存对象集的势、直接父节点及其个数、直接子节点及其个数等。为了利用概念格的渐增更新,实现对最小无冗余的规则的更新,我们就进一步把最小无冗余的规则所对应的最小项集集合(Set of the Least Itemset)加入到概念格的结构中,形成的概念格被我们称为规则概念格(Rule Concept Lattice)。

2.2.5 模糊概念格和粗糙概念格

传统的概念格是在概念的对象(外延)和概念的属性(内涵)之间具有肯定的确定性的关系的条件下,研究和处理外延和内涵的内部所具有的"是或非"的确定性关系,所以它是以确定性的经典集合方法,去建立以概念内涵和外延作为数学对象的一种数学方法。但实际生活中,真正的确定性的东西是不多的或者人们并不太关心,大多都是不确定的关系。比如说"年轻人的消费水平高"这句大家都接受的说法中,"年轻人"作为对象是一个不确定的模糊集合,而"消费水平高"作为属性也是具有不确定性。所以,现在又有人在研究如何把概念格模型扩展来处理和表示不确定的事务。这就出现了把模糊集合或粗糙集合理论引入概念格理论中[40,41],形成了模糊概念格[42-44]、粗糙概念格[45,46]。在模糊概念格和粗糙概念格及其应用方面,我们也做了一定的探索和研究[47,48]。

2.3 概念格的应用

2.3.1 概念格在数据挖掘中的应用

随着计算机技术的不断发展,计算机应用领域不断扩大。人们收集和处理数据的能力和数量在不断变大,直接从大量的数据中找到用户感兴趣或对用户有指导意义的知识的难度也在不断变大,从而出现了“数据丰富、知识贫乏”的窘境。因此,数据挖掘技术得到了广泛的研究。关联规则是从数据库中提取知识的主要表现形式,也是数据挖掘研究的核心内容之一。形式概念分析以概念格形式把数据有机地组织起来,数据之间的关系通过概念格节点的特化-例化关系体现出来,体现了概念的内涵和外延的统一,所以,概念格非常适合作为规则发现的基础性数据结构用来发现规则型的知识。

概念格应用于关联规则提取,是概念格在数据挖掘中应用的最广、取得成果最丰的一个领域。国内外学者在基于概念格提取关联规则方面都有深入的研究。Godin R. 等在文[23]中提出了基于概念格模型提取蕴涵规则的方法。他们首先由形式背景构造概念格,再从格中产生连接规则,最后再去掉冗余的蕴涵规则。他把蕴涵规则分为连接蕴涵规则(Conjunction Implication Rules)和分离蕴涵规则(Disjunctive Implication Rules),并给出了蕴涵规则的确定算法。但蕴涵规则属于确定性的规则(精确规则),不具备描述概率规则(近似规则)的能力。Missaoui R. 等在[49]中对[23]进行了扩展,提出了从概念格中提取近似规则的算法。在国内,王志海等在文[17]中提出了概念格中提取规则的一般算法和渐进式算法。他们把概念格中的节点根据其双亲节点个数的不同,分为只有一个双亲节点、两个双亲节点和 d 个双亲节点的情况,分别给出了其中规则的提取原则。胡可云等在文[50]中,提出了概念格节点中对象用对象的势来代替,并用概念格来渐进产生最大项集集合,再提取规则的算法。赵奕等在文[51]中针对[50]中的一些不足,提出了一种改进的递增修正规则挖掘的算法,以适应实际数据不断递增或递减更新时的要求,并记录概念格节点在数据中出现的频率值,在无需构造全格的情况下提取规则。谢志鹏等在文[19]中,提出了利用内涵缩减来提取关联规则,试图减少提取规则的数目。

由于提取出的规则很多具有依赖关系,也就是说在提取的规则中许多是冗余的,虽然可以再进行冗余规则的去除,但毕竟耗费时间和空间。因此,人们又开始研究提取无冗余规则的问题。Y. Bastide

等在文[21]中提出了一种最小无冗余关联规则的定义，并提出了基于 Apriori 算法[12,52]的改进算法，通过提取频繁封闭项集来获取最小无冗余关联规则的算法；N. Pasquier 等在文[14]中提出了由封闭项集构成格，再提取关联规则的思想，Petko Valtchev 等在文[53,54]中提出了利用概念格获取频繁封闭项集的算法框架和相应的算法；针对 Y. Bastide 等定义的最小无冗余关联规则，我们通过改变格的结构，形成所谓的量化封闭项集格，并提出采用多种方法直接从量化封闭项集格中求取最小封闭项集，以达到提取这种规则的目的[27]。

概念格还可应用于数据挖掘中的分类知识的获取。Sahami M. 在文[55]中首先根据条件属性构造出概念格，然后从格中提取出分类规则用于支持对象的分类，并形成了被称为 RULEARNER 分类系统；Njiwoua 等使用学习参数来生成部分格，采用投票的方式对新对象的分类进行群体决策，并通过特征选择方法设计了 LEGAL－F 分类系统[56]；胡可云等在文[57]中通过改进 Bordat 的建格算法[58]，使之适应集成挖掘分类和关联规则的需要，成功实现了关联规则和分类规则在概念格框架下的统一。

2.3.2 概念格在信息检索方面的应用

信息检索也是概念格应用的一个成功的领域，现在已越来越受到人们的重视。

Godin 等在文[59]中对使用概念格结构的信息检索进行了实验，并和手工建立层次分类系统、导航使用索引项的布尔查询这两种传统的检索方法做了比较。比较采用了三种度量：用户搜索的时间、查全率和查准率。结果表明在布尔查询和概念格检索方法之间并没有显著的性能差异；而层次分类系统检索的查全率要明显低于其他两种方法。因此，基于概念格结构的检索是非常有效的。Carpineto 等[60]设计的 GALOIS 系统和 Godin 等在[59]中所设计的系统基本类似，所不同的是生成概念格的方法有差异。

U. Krohn 等在文[4]中，针对概念格应用于文档检索，叙述了由检索关键词和文档之间形成一个 m 行 n 列的形式背景，并且有一个 m 行 n 列的文档和术语（关键词）的权重矩阵相对应。权重矩阵中的每一个元素表示每个术语在特定文档中的权重。每当输入一个关键词后，就把找到的文档排序，排在前 10 个的检索结果构成文档-术语形式背景，并把相应的文档-术语权重矩阵赋予该形式背景。由形式背景形成检索结果对应的概念格，该概念格和其对应的权重矩阵可用于指导信息检索的顺序和方向。

Uta Priss 在[61]中提出了一个文档检索系统，它可处理具有层次特征的附加属性（术语）的文档检索。通过对关键词的进一步描述，形成文档-关键词、关键词-进一步描述附加属性的多层形式背景，形成具有层次的用于检索的概念格，它为在不同层次要求的文档检索提供了便利。Uta Priss 在文[62]中还设计了一个基于格的信息检索系统 FaIR。该系统和 U. Krohn 在[4]中的文档-术语形式背景类似，首先由文档-术语矩阵（形式背景）建立相应的概念格，同时文档通过文档描述符映射到格中的概念上。用户通过搜索语言描述搜索要求，然后转换为系统可识别的搜索语言，去查询概念格中的概念。Uta Priss 在文[63]中对利用概念格进行信息检索和知识发现进行了一定的总结。S. K. Bhatia 等在文[64]中利用概念的聚类来进行信息的检索。在文献[65]中，Carpineto 等提出了对基于概念格的文本数据库的自动组织和混合导航进行了较为全面的研究，并设计了一个检索系统 ULYSSES。

在基于 Web 的信息检索上，Neuss 等在文[66]中使用概念格进行 Internet 上文档信息的自动分类和分析；Eklund 等在文[67]中展示了概念层次进行 Web 文档索引和导航的能力。金阳等在文[68]中利用所谓的有序概念格来获取用户浏览网页的规律，通过用户沿 URL 超链寻找和浏览网页规律的访问模式总结，可帮助用户快速到达目标页面，进而实现搜索引擎的个性化导航。首先由日志库提取最大向前关联路径，通过最大向前关联路径发现频繁关联路径序列，再由频繁关联路径序列得到最大频繁关联路径序列。在系统中，把概念格加以顺序约束，形成有序概念格来提高系统的有效性。文[69]也叙述了和[68]类似的情形。

2.3.3 概念格在软件工程中的应用

在软件工程领域，概念格为软件再工程、软件重用、面向对象程序设计等领域中的某些问题的解决提供了理论支持，并已经取得了一系列的应用成果。

软件重用是指使用已有的产品而不是从零开始创建软件系统的过程。Godin R. 等在文[70]中利用概念形成方法以两种不同的方式来支持软件重用，通过建立一个概念层次来对库中的产品进行组织和检索；而 Lindig C. 的文[71] 则针对可重用软件构件的检索，允许用户渐进地用多个不同的关键字来检索用户所需的概念，每做一步就把被选择的构件和用于进一步精简该检索的关键字集合提供给用户，这样就能保证至少可以找到一个构件。

Godin R. 等[72]开发了一个原型工具来从类的规范说明中计算类层次，它通过逐个地插入新类来生成概念格或若干个其他形式的结构。Lindig 等[73]将概念格应用于软件再工程技术中，通过分析过程和全局变量之间的关系构造出概念格，并说明了在格结构中如何得到模块结构，以及如何使用格结构来评估模块候选项之间的内聚度和耦合度. 在文[74]中，Schmitt 等以概念格作为继承层次的形式化机制，首先提出了一个有效的算法通过合并两个具有重叠的外延和类型的继承层次来导出集成的继承层次。在此基础上，该文针对某些质量标准提出了若干个优化和变换步骤对所生成的集成层次进行修改，最终生成的结果实现了对面向对象模式的优化。

在软件再工程(Soft Reengineering)方面，P. Funk 等在文[75]中，针对软件配置管理(Soft Configuration Managment)采用概念格的分解进行处理。某些配置文件的配置代码常包含在＃ifdef…＃endif 中，由于＃ifdefs 可以嵌套，并且可以任意使用复杂的表达式，使得这种配置文件不易理解和编译。这时就可利用形式概念分析，从源文件中抽取出其配置结构。首先，由源文件转变成配置表，再形成概念格。它不仅表示出配置的内涵和外延，而且反映配置之间的依赖关系。文中以处理配置文件为例，描述了把概念格的分解(Concept Lattice Decomposition)应用到软件工程中的再工程问题。概念格的分解不仅可用于对老的软件的理解还可以用来重构它。G. Snelting在[76]中进一步把配置再工程问题进行的详细的描述，利用概念格组织配置文件的结构，它通过对生成的概念格进行可视化显示，清晰地显示出可能存在的细致的相关性，使配置结构的整体质量得以形象化的显示。

2.3.4 概念格在其他方面的应用

随着形式概念分析和概念格研究的深入，概念格的应用领域会不断扩大。Cole R. 等将概念格方法应用于分析和可视化具有 1962 个属性和 4 000 个处方摘要的医药数据库[77]；Kent 等在文[78]中提出了建造基于概念格的用于数字图书馆的系统 Nebula 及相应接口；Cole R. 等在[79]中提出了利用概念格来建立一个 Email 收集器，并根据从 Email 文档的头文件中提取接收时间和文档体中的关键词进行分类；他们还在 CEM 电子邮件管理系统[80]中通过将 Email 存储在概念格中，而不是常用的树状结构中，从而在检索电子邮件时获得了更大的灵活性。B. Fernandez-Manjon 等在[2]中把形式概念分析作为教育软件的设计过程的支撑工具，并应用于设计 Unix 操作系统的帮助系统和改善其他语言理解的多媒体指南系统中。

第三章　概念格的生成和维护技术

概念格的构造问题是形式概念分析应用的前提。由于概念格的时空复杂度是随着形式背景的增加而指数性的增大，有关概念格的生成问题一直是形式概念分析应用研究的一个重点。本章在对已有的概念格生成算法进行概述的同时，详细描述了两种基于属性的概念格生成算法，并对概念格的维护技术做了简述。

3.1　概念格的生成算法概述

概念格已经在许多领域得到了广泛的应用，并且在某些方面表现出了其特有的优越性。研究更加有效、适应于不同情况的概念格生成算法显得尤为重要。国内外的学者和研究人员对此进行了深入的研究，提出了一些有效的算法来生成概念格[6,7]，这些算法可以被分两类：批生成算法（Batch Algorithm）、渐进式生成算法（Incremental Algorithm）。

3.1.1　批生成算法(Batch Algorithm)

现有的批处理概念格生成算法大多都是先生成出形式背景所对应的所有概念，然后再决定概念之间的亚概念-超概念连接关系。有的算法只生成所有的概念，有的算法用来产生其 Hasse 图，也有的算法既生成所有的概念，又同时形成其 Hasse 图。目前主要的批处理算法有：Chein 算法[81]、Ganter 算法[82]、Alaoui 算法[83]、Titanic 算法[84]、Nourine 算法[85]以及 Bordat 算法[58]和 Lindig 算法[86]等。

Chein 算法[81]是自底向上逐层地构格，算法先从 L_1 开始，然后由

L_k 迭代产生 L_{k+1}。但 Chein 算法只产生相应的概念(格节点)的集合,并不产生概念之间的父概念-子概念关系;

Ganter 算法[82]是一种枚举算法,它以位向量来表示属性子集,位为 1 表示含有该属性(特征),位为 0 表示不包含该位所对应的属性(特征)。位向量从小到大的次序,反映了属性集合上一种排序。通过对位向量的枚举来生成所有的内涵属性集,从而得到所有的概念。但它和 Chein 算法一样,也只产生格中概念的集合,不产生其 Hasse 图。

Alaoui 算法[83]是利用已有的概念集合,产生概念之间的亚概念-超概念连接关系,从而产生概念格的 Hasse 图。它可以和 Chein 算法或 Ganter 算法相结合,形成被称为 Chein-Alaoui 算法或 Ganter-Alaoui 算法,分别利用 Chein 算法或 Ganter 算法的结果,产生概念间的关系。

Titanic 算法[84]是采用一种自顶向下的次序来逐层地生成所有概念节点,利用了计算频繁项集的关联规则获取技术来对概念节点的生成过程进行优化。Nourine 算法[85]首先生成了所有的概念节点,接着通过算法计算出所有的父概念和子概念关系。为了提高检索速度,Nourine 算法中采用了字典树对概念进行组织索引。

上述的这些算法不论是算法本身或和其他算法配合生成概念的父子关系,它们都有一个共同的特点,就是产生概念和形成父子关系两个任务是分立的。而 Bordat 算法[58]是把概念的生成和概念之间的链接关系两个任务交织在一起的,它是一种自顶向下的算法。在该算法中,概念格首先从格的下确界开始,然后对每个节点,计算出其所有的子节点,并把它们和其父节点链接,不断地迭代产生孩子节点和其父节点链接。Bordat 算法的基本思想是:对于形式背景 $K=(G, M, I)$,若概念节点为 (A_k, B_k),找出属性子集 $Col_k \in M-B_k$,且 Col_k 在 A_k 中能保持完全二元组的性质,即 Col_k 为最大的子集,则 $B_{ki}=B_k \cup Col_k$ 构成了当前节点的一个子节点的内涵。在 Bordat 算法中每个节点被产生多次,其次数由最终格中该节点的父节点的个数决定。为了避免重复产生节点,必须检查每个节点是否已经在前面生成过。Bordat算法由于对每个节点产生其子节点的过程可以同时进行,所以它非常适合于并行计算，Njiwoua在文[87]中给出了Bordat算法的一个并行化算法。

在Bordat算法中主要有两个过程,一是对于每个节点生成它的所有子节点;二是对于每个生成的子节点判断它是否已经存在。它们都是比较耗时的。Lindig算法[86]针对上述的两个过程,利用类似Ganter算法的方法来为概念格中的每个节点生成它的所有子节点;将所有已经生成的概念节点通过字典树组织,这样可以快速地判断某个节点是否已经生成。因此,Lindig算法是比Bordat算法更加高效的算法。

对于形式背景K=(G, M, I),其概念格的批生成算法的一般步骤如下:

概念格的批生成算法:
(1) 初始化格 L={(G, f(G))};
(2) 队列 F={(G, f(G))};
(3) 对于队列 F 中的一个概念 C,产生出它的每个子概念 Cc;
(4) 如果某个子概念 Cc 以前没有产生过,则加入到 L 中;
(5) 增加概念 C 和其子概念 Cc 的链接关系;
(6) 反复(3)~(5),直至队列 F 为空;
(7) 输出概念格 L。

3.1.2 渐进式生成算法(Incremental Algorithm)

从静态的形式背景中采用批生成算法来构造概念格是很有效的,但当形式背景发生变化时,构格的过程要重新做一次,也就是说批生成算法不适应于动态形式背景的处理要求。实际上,形式背景总是动态变化的,如交易数据库(形式背景)总是随着交易的发生而不断的增加。概念格的渐进式生成算法就是为了满足形式背景的渐增更新而发展起来的。

Godin R. 等在1995年提出的概念格的渐进式生成算法[8]是最经典的一个渐进式生成算法，通常称为Godin算法。该算法从空格开始，通过不断的渐增形式背景中的对象（数据库中的行记录）来实现对概念格的渐进式构造。对于每次新增的一个对象，都需把已生成概念格中的概念进行比较，这时已有的概念节点和新增的对象之间的关系可分为三种：无关概念（Old Concept）、更新概念（Modified Concept）和新增概念的产生子概念（Generator Concept），对更新概念和新增概念进行不同处理后，再调整概念之间的相互关系。

对于形式背景 K=(G, M, I)，其概念格的渐进式生成算法的步骤如下：

概念格的渐进式生成算法：

(1) 初始化格 L 为一个空格；

(2) 从 G 中取一个对象 g；

(3) 对于格 L 中的每个概念 $C_1=(A_1, B_1)$，如果 $B_1 \subseteq f(g)$，则把 g 并到 A_1 中；

(4) 如果同时满足：$B_1 \cap f(g) \neq \Phi$；$B_1 \cap f(g) \neq B_1$ 和不存在 (A_1, B_1) 的某个父节点 (A_2, B_2) 满足 $B_2 \supseteq B_1 \cap f(g)$，则要产生一个新节点；

(5) 对新产生的节点加入到 L 中，同时调整节点之间的链接关系；

(6) 反复(2)～(5)，直至形式背景中的对象处理结束；

(7) 输出概念格 L。

概念格的渐进式生成算法在产生所有概念节点的同时，还产生了概念之间的亚概念-超概念连接关系，同时它非常适合于处理动态数据库，被认为是一种生命力很强的概念格生成算法。人们对Godin算法的改进也没有停止过。谢志鹏等[9]提出了一种利用字典索引树的快速概念格渐进式构造算法，该算法利用一个辅助索引树来快速判断概念节点的类型，并根据概念节点的类型来决定概念格的渐进修改策略。该算法主要是利用索引树来判别概念格中的节点的类

型,所以,索引树的构造是算法的关键,其构造方法大致如下[9]:

如果给定特征集 D 上的一个全排序 τ,任意一个特征子集 $D_1=\{a_1, a_2, \cdots, a_k\}$便唯一地对应于字母表 Ap 上的一个单词 $a_1a_2\cdots a_k$,其中 $a_1<a_2<\cdots<a_k$。不妨使用函数符号 γ 来表示这种对应关系,则每个概念节点 C 都唯一地对应于 Ap 上的一个单词 $\gamma(\mathrm{Intent}(C))$,Intent(C)表示节点 C 的内涵。这样,就可用树状结构来组织概念格中的概念,这种树状结构被称为索引树。在索引树中每条边表示一个特征。如果 T_1 是 T_2 的父节点,而 T_1 到 T_2 的边是特征 d,则称 T_2 是 T_1 的第 d 个孩子,记为 $T_2=T_1.\mathrm{children}[d]$。每个树节点 T 对应一个单词 $\lambda(T)$,其中函数 λ 定义为:对于根节点 root,$\lambda(\mathrm{root})\equiv$空串;如果 $T_2=T_1.\mathrm{children}[d]$,则 $\lambda(T_2)\equiv\lambda(T_1)+d$,也就是说 $\lambda(T)$ 表示从根节点 root 到节点 T 所经过的边特征的排列。

对于一个索引树节点 T,如果存在某个概念节点 C,满足 $\gamma(\mathrm{Intent}(C))=\lambda(T)$,则我们称 T 为有效树节点,并记 T. latticenode=C;如果不存在 C 满足 $\gamma(\mathrm{Intent}(C))=\lambda(T)$,则称 T 为辅助树节点,并记 T. latticenode=NIL;在索引树中 T_1 是 T_2 的祖先节点,当且仅当 $\lambda(T_1)$ 是 $\lambda(T_2)$ 的一个前缀。

在新增对象时,该算法遍历整个索引树,利用索引树中节点的父子关系来判断原概念格中概念的种类,分别生成新概念或更新原概念。该算法利用树状结构对格节点进行索引,对格节点的访问是通过遍历索引树来实现的,从而能有效地缩小了新生格节点的父节点和子节点的搜索范围以及产生子的搜索范围,最终达到加速概念格渐进式更新过程的作用。

3.2 基于属性的概念格生成算法

3.2.1 基于属性的渐进式生成算法

自从 Godin 提出渐进式构造概念格以来,有关渐进式构造算法及其改进一直有人研究。但据我们所知,现在的算法基本上都是属于基于对象的渐进式生成概念格的算法，而基于属性的构造算法还没有。实际上，形式背景中数据的变化应该包括两个方面：一是对象（实例）的增减，二是属性（特征）的增减。对于已经构造好的概念格，发生属性的增删时，就需对概念格进行基于属性的更新，这时若采用传统的基于对象的渐进式算法就需重新构造整个概念格。为了满足属性更新的需要，我们提出了基于属性的概念格渐进式生成算法[24]。

基于属性的渐进式构造概念格就是在原始背景 $K=(G, M, I)$ 所对应的原始概念格 $L(K)$ 和新增属性 m^* 的情况下，来求解形式背景 $K^*=(G, M\cup\{m^*\}, I^*)$ 所对应的概念格 $L(K^*)$。

1. 算法的思想

和传统的概念格渐进式构造算法相类似，基于属性的渐进式构造算法在求解过程中需解决几个主要问题：① 所有新节点的生成；② 边的更新；③ 避免已有节点的重复更新。

在概念格 $L(K)$ 中追加一个属性时，首先根据格中的所有节点和新增的属性及其包含该属性的对象集间的关系，找到需要修改的概念；概念间的关系发生变化时，相应的边也要作相应的修改。通过分析新概念格 $L(K^*)$ 和原概念格 $L(K)$ 中概念之间的关系，可以把概念格 $L(K^*)$ 中概念分为三类：

(1) 不变概念：与新增的属性无关，而从原概念格 $L(K)$ 中直接保留到新概念格 $L(K^*)$ 的概念，也可称为无关概念。

(2) 更新概念：是在原概念格 $L(K)$ 中概念的基础上通过更新得到的概念。

(3) 新增概念：是要插入的概念和原概念格 $L(K)$ 中的某个概念所产生的新概念，这时原概念格中产生新概念的概念也称为新增概念的产生子。

设新增的属性为 m^*，具有该属性的对象集为 $g(\{m^*\})$，这样就可以用概念的形式表示为 $C^*=(g(\{m^*\}), m^*)$。对于原概念格中的每个节点（概念），根据它和新概念 C^* 间的关系，对不同类型的概念作如下的定义。

对于概念C，设其内涵、外延分别用intent(C)和extent(C)表示。

定义3.1 如果一个概念 $C=(A, B)$ 满足 $extent(C) \subseteq g(\{m^*\})$，则称该概念为更新概念。

显然地，对于一个更新概念来说，它将被更新为 $(extent(C), intent(C) \cup \{m^*\})$。

定义3.2 如果某个概念 $C_1=(A_1, B_1)$ 满足：(1) $Newextent=extent(C_1) \cap g(\{m^*\})$，在格中不存在任意概念 C_2，使 $extent(C_2)=Newextent$；(2) 对于 C_1 概念的任意孩子概念 C_3，都没有 $extent(C_3) \cap extent(C_1)=Newextent$；则称 C_1 为新增概念的产生子概念。

对于定义3.2中的条件(2)，实际上就是要保证产生子概念是其新增概念的上确界(Supremum)概念，即 $(A_1, B_1)=\sup\{(A, B)\} \in G \mid A=A_1 \cap g(\{m^*\})$。

定理3.1 如果某个概念 $C_1=(A_1, B_1)$ 属于产生子概念，则由其产生的新增概念 $Cnew=(extent(C_1)) \cap g(\{m^*\}, intent(C_1) \cup \{m^*\})$。

证明： 由定义3.2知道，在格中原不存在外延等于 $Newextent=extent(C_1) \cap g(\{m^*\})$ 的概念，所以在新概念格中一定需增加一个新节点，其外延就等于Newextent，且 $Newextent < extent(C_1)$。对于概念格中的一个概念来说，其内涵是最大化的，即对内涵的任意扩大都将导致外延的减少。根据概念中外延和内涵之间的固有关系，即外延的减少其内涵就相应地增大，可以得到新增概念的内涵一定是 $intent(C_1) \cup \{m^*\}$。

定义3.3 如果一个概念 $C=(A, B)$，它既不是更新概念，又不是新增概念的产生子概念，则该概念就是不变概念，可直接保留到新的概念格中。

由于产生子概念要产生一个新增概念，这时就要按概念间新的特化-例化关系重新调整概念间的连线(边)。对连线的调整原则是：对于每个新增概念Cnew，分别求出它的父概念parent(Cnew)和子概念child(Cnew)；对于Cnew的每个父概念Cp，增加一条连线Cp→

Cnew;对于 Cnew 的每个子概念 Cc,增加一条连线 Cnew→Cc;再删除相应的连线 Cp→Cc。

2. 算法的描述

上述的定理和概念间连线的调整规则已经给出了基于属性的渐进式生成概念格的算法的思想。在实现过程中,为了保证定义 3.2 中(2)的满足,对原格中的概念按外延的势的大小从小到大顺序检查,即从孩子节点开始向父节点方向检查。

对于原概念格 L(K),要新增属性的概念为 $C^* = (g(\{m^*\}), m^*)$,基于属性的概念格渐进式生成算法(Attribute-based Incremental Formation Algorithm of Concept Lattice,简记为 CLIF_A)描述如下:

```
BEGIN
FOR 每个概念节点(A, B)∈L(K)  (按照|A|的升序排列) DO
  IF A⊆g({m*}) THEN; {更新概念}
  将 m* 加到 B 中,B=B∪{m*};
  将(A, B)加入到 VISITED_CS 中;
  ELSE
  Newextent:= A∩g({m*}; {可能是产生子概念}
    IF 不存在某个(A1, B1) ∈VISITED_CS
    满足 A1 = Newextent THEN
    创建一个新节点 Cnew=(Newextent, B∪m*));
    增加边(A, B)→Cnew;
    FOR VISITED_CS 中的每个节点 Ca DO
      IF (extent(Ca) ⊂Newextent) THEN
      child:= true;
      FOR Ca 的每个父节点 Cp DO
        IF (extent(Cp) ⊂Newextent) THEN child:= false; break; ENDIF
      ENDFOR;
      IF child THEN
        IF Ca 是(A, B)的孩子节点 THEN 删除边(A, B) →Ca; ENDIF;
```

```
      增加边 Cnew→Ca;
      ENDIF;
    ENDIF;
  ENDFOR;
  将 Cnew 加入到 VISITED_CS 中;
  ENDIF;
 ENDIF;
ENDFOR;
END
```

3. 属性递增的概念格更新的示例

对于表 2.1 所示的形式背景,如果现在要添加一个新属性 e,具有属性 e 的对象为:$g(\{e\})=\{2,3,5\}$,即可用概念的形式表示为 $C^*=(\{2,3,5\},\{e\})$,把它插入到图 2.1 所示的原概念格 L(K)中,就形成了图 3.1 所示的新概念格 $L(K^*)$。

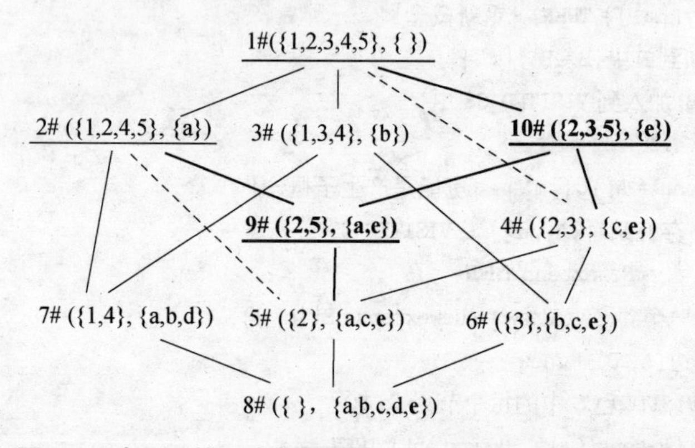

图 3.1 表 2.1 的形式背景新增一个属性后所对应的概念格

按上述的算法要求,对原概念格 L(K)中的概念(节点)是按从下往上的方向检查的。在图 3.1 中,节点 8#、6#、5# 和 4#,由于它们的外延是包含在概念 C^* 的外延 $g(\{e\})=\{2, 3, 5\}$ 中,属于更新概念,需要在它们的内涵中增加新属性 e,在图中加粗表示。如 4# 节点由于 $\text{extent}(4\#)=\{2, 3\}\subseteq \text{extent}(C^*)=\{2, 3, 5\}$,它属更新概念，并被更新为：(extent(4＃)，intent(4＃)∪{e})=({2, 3}, {c, e})；对于节点7＃和3＃，由于它们的外延和新概念 C^* 无关，属于不变概念，直接从原概念格中保留到新概念格中；而节点2＃和1＃，由于它们的外延和新概念 C^* 的外延的交集不为空，且在原格中并不存在以该交集为外延的概念，另外由于是从下向上检查的，所以这些节点一定是满足上述条件的概念的上确界概念，则它们属于产生子节点，在图中加下划线表示，它们产生的新增概念分别为9＃和10＃节点，在图中用加粗带下划线的方式表示。如1＃节点，由于它的外延和概念 C^* 的外延的交集：extent(1＃)∩extent(C^*)={1, 2, 3, 4, 5}∩{2, 3, 5}={2, 3, 5}，而在原概念格中外延为{2, 3, 5}的节点并不存在，且节点1＃是满足extent(C)∩extent(C^*)={2, 3, 5}的概念C的最小概念，即最小上界(上确界)概念(在本例中是满足条件的唯一概念)，则节点1＃是产生子概念，由它产生的新增概念为：{extent(1＃)∩extent(C^*), intent(1＃)∪{e}}=({2, 3, 5}, {}∪{e})=({2, 3, 5}, {e})，即节点10＃。

对于产生子概念，由于它产生了新的概念，必然就改变了在原概念格中产生子概念和其孩子概念之间的关系，这时就要根据概念节点间新的特化-例化关系重新调整节点间的连线(边)，在图中，新增加的边用加粗的连线表示，而被删除的边用虚线表示。如节点1＃和4＃之间由于新增的节点10＃，而改变了原来的相互关系，由于产生子节点1＃现在是新增节点10＃的父节点，而节点4＃由原来为节点1＃的孩子节点变为了新增节点10＃的孩子节点，因此就需增加从节点1＃到节点10＃的边和节点10＃到节点4＃的边，而原来的节点1＃到节点4＃的边就需删除掉。另外新增节点的孩子节点可能有多个，这时也应根据相互间的关系调整节点间的边，如图中新增的节点10＃和节点9＃之间的边。

4. 试验及其分析

为了验证上述的基于属性的渐进式生成概念格算法(CLIF_A算法)的有效性，我们在 Windows 2000 下用 Java 2 编程实现了该

CLIF_A算法,在P4 1.7G的计算机上对随机产生的数据进行了测试,并和基于对象的渐进式生成概念格算法(如Godin算法)进行了比较。试验中,形式背景的对象个数、属性个数及其对象属性间存在关系的概率由程序随机产生。

首先,我们随机产生10个形式背景。每个形式背景的属性个数固定为30,对象属性间存在关系的概率为0.20,对象个数从50开始,每次递增50个,直至500为止。CLIF_A算法和Godin算法的试验结果见图3.2(a)。可以看出,随着形式背景的中对象的不断增加,CLIF_A算法的性能比Godin算法优越。

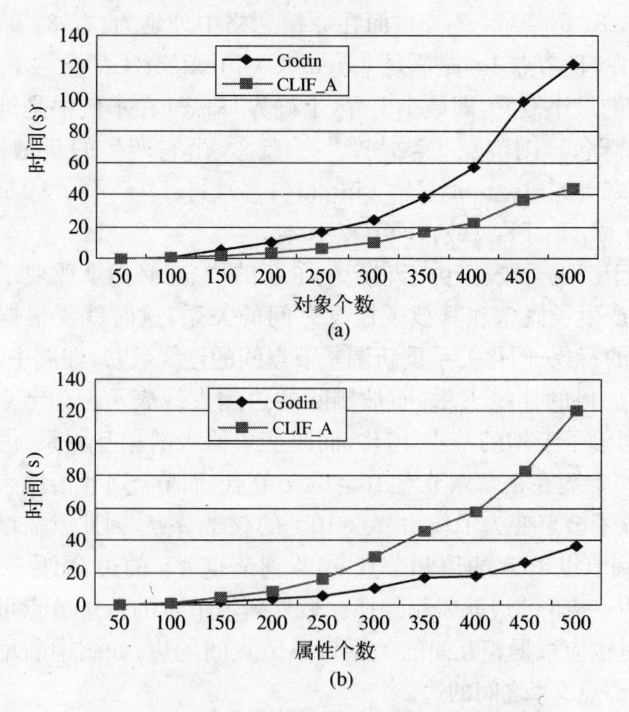

图3.2 CLIF_A算法和Godin算法的试验结果

然后,在把形式背景的对象固定为30,关系的概率仍为0.20,属性个数从50开始,每次递增50个,直至500为止。试验结果如图

3.2(b)所示。可以看出，随着形式背景的中属性的不断增加，CLIF_A算法比Godin算法的速度慢。

从试验结果的对比中，可以得出结论：CLIF_A算法更易受形式背景中属性个数的影响，而Godin算法受对象的个数的影响更大。这是由于当数据表K=(G, M, I)给定后，若采用Godin算法构造概念格，其要更新的次数为|G|，而采用CLIF_A算法构造概念格时，是通过属性的不断渐增的方式进行的，其要更新的次数为|M|。

在实际的数据表中，数据表的记录(对象)的个数会越来越大，而字段(属性)的个数往往是有限的。因此，实际的形式背景大多是对象的个数比属性的个数大得多。这样，在通常情况下，采用基于属性的渐进式生成算法构造概念格会更快些。

基于属性的渐进式生成概念格的算法，是受传统的基于对象的渐进式生成概念格的算法思想启发改进而成的。采用该算法构造概念格的空间复杂度和传统的基于对象的渐进式算法是相当的，但时间复杂度就和形式背景的规模有关。通常情况下，由于形式背景的属性个数是有限的，而对象的个数往往较大，基于属性的渐进式生成概念格的算法比传统的基于对象的渐进式生成概念格的算法具有更大的优越性。

3.2.2 利用不完全覆盖的生成算法

在概念格构造算法的一些改进算法中，有人提出了基于最佳不完全覆盖的生成算法[88]，在此基础上，我们利用最佳不完全覆盖，提出一种新的基于属性的概念格生成算法[89]。

1. 不完全覆盖的基本概念

定义 3.4 给定形式背景K=(G, M, I)，对于每个可能的属性$v_i \in V$(其中V是属性集合M中所有属性的集合)，存在二元组$b_i = (\{v_i\}', \{vi\})$称之为属性二元组；存在概念$b_i = (\{v_i\}', \{v_i\}'')$称之为属性概念；对于每个对象$o_j \in G$，可以得到二元组$b_j = (\{o_j\}, \{o_j\}')$，称之为对象二元组；可以得到二元组$b_j = (\{o_j\}'', \{o_j\}')$，称之为对象概念。

定义 3.5 已知形式背景 K=(G, M, I),设集合 $a=\{(\{v_i\}', \{v_i\})\mid v_i\in V\}$是所有属性二元组的集合,不妨假定属性集合中共有 n 个不同的属性值,其中 $1\leqslant i\leqslant m\leqslant n$,则集合 $S=\{\{v_i\}'\mid v_i\in V, i=1, 2, \cdots, m\leqslant n\}=\{S_1, S_2, \cdots, S_m\}$满足 $S_i\subseteq G$, $S_i\neq\varnothing$并且$\bigcup S_i\subseteq G$,定义集合 S 是集合 G 的不完全覆盖。不难发现 S 可能是集合 G 的划分,可能是 G 的覆盖,也可能都不是。

定义 3.6 令 $SO=\{S_j\mid S_j\in S, S_j\neq G, \forall S_i\in S$ 当 $i\neq j$ 有 $S_j\not\subset S_i\}$,由定义 3.5 可知,$S_j\in S, S_j\subseteq G$,由于 S 是 G 的一个不完全覆盖并且 $S_j\in SO$ 满足:$\forall S_i\in S$ 当 $i\neq j$ 有 $S_j\not\subset S_i$ 所以$\bigcup S_j\subseteq G$,即 SO 也是 G 的一个不完全覆盖,定义 SO 是对象集合 G 的最佳不完全覆盖,显然 $SO\subseteq S$。

定义 3.7 对于形式背景(G, M, I)和其概念格中的任意概念H=(Y, X),由 Y 中所有对象可以组成新的形式背景(Y, M_i, I_i),如果满足 $X\not\subset Mi$,我们称之为部分形式背景,其中 $Y\subseteq G$, $M_i\subseteq M$, $I_i\subseteq I$。

2. 算法的思想

在概念格的生成算法中,大多数是基于对象的,即通过对象的逐个增加来构造概念格。我们也可以通过对属性的逐个增加进行概念格的构造。同样,对已经构造好的概念格,属性增加时,需要对其维护,这样就要对原来的概念格进行调整,使之适应新的数据,建立新格。因此,需要设计基于属性的概念格构造及维护算法。在这个算法设计过程中要涉及概念节点的增加、更新,以及边的调整等等问题。

设在形式背景(G, M, I)中,增加的属性为 v,其对象集合为$g(v)$或 v',那么其属性概念为 $V=(\{v\}', \{v\}'')$。设原格为 L,更新后的格为 L'。和前面的算法类似,在 V 加入 L 后,在新的概念格 L'中,有三种类型的概念:

(1) 更新概念:原格 L 中的概念保持外延不变、仅增加内涵后的形成概念。

(2) 不变概念：原格 L 中保留到新格 L′ 中的概念。概念的内涵与 v 无关，因而它可以无改变地保留到新格 L′ 中。

(3) 新增概念：由于增加了属性 v 而增加的新的概念，它们是原格 L 中所没有的概念。它们可能包括属性概念 $V=(\{v\}', \{v\}'')$ 本身，也可能包括 V 的部分形式背景所生成的在 L 中没有匹配的所有子概念。

定理 3.2 设在概念格 L 中增加属性 v，属性概念为 $V=(\{v\}', \{v\}'')$，设 $H=(Y, X)$ 是 L 中的某个概念。如果 $\{v\}'\supseteq Y$，则 H 为更新概念，且 $H*=(Y, X\cup v)$ 为 L′ 的新增概念。

证明： 根据概念的完备性，$\{v\}'$ 为具有属性 v 的最大的对象集合，因为 $\{v\}'\supseteq Y$，$H=(Y, X)$ 的内涵 X 一定包含 v。那么只需将 H 的内涵加上 v 后更新即可添加到 L′ 中。

定理 3.3 设在概念格 L 中增加属性 v，属性概念为 $(\{v\}', \{v\}'')$，设 $H=(Y, X)$ 是 L 中的某个概念，且根据定理 3.2，找到更新概念集合为 UPD，则 $\{H\}=L-UPD$ 可作为不变概念保留到 L′ 中。

证明： 因为 H 不是更新概念，所以 $Y\not\subset\{v\}'$ 且 $\{v\}'\neq Y$。根据概念的完备性，设在 L′ 中，H 改变为 $H*=\{Y*, X*\}$，若 $v\in X*$，$\{v\}'$ 为具有属性 v 的最大的对象集合，因而 $Y\subset\{v\}'$，这与前提矛盾。若 $v\notin X*$，此时 $H*=(Y*, X*)$ 的内涵 $X*$ 一定不包含 v，H 可作为不变概念保留到 L′ 中。

定理 3.4 设在概念格 L 中增加属性 v，其属性概念为 $V=(\{v\}', \{v\}'')$，如果在 L 中找不到概念 $H=(Y, X)$ 使得 $\{v\}'=Y$，那么 $V=(\{v\}', \{v\}'')$ 是新增概念。根据 V 的部分形式背景生成的子概念中，在 L 中不匹配的概念也是新增概念。

证明： 因为在 L 中找不到概念 $H=(Y, X)$ 使得 $\{v\}'=Y$，属性概念 $V=(\{v\}', \{v\}'')$ 是 L′ 中的新增概念。类似的道理，一个根据 V 的部分形式背景生成的子概念，如果它在 L 没有相匹配的概念，则它也是 L′ 中的新增概念。

3. 算法的描述

根据上述定理，给出如下算法描述。

```
Algorithm Add-attribute(L, V)
输入：原格L及它的形式背景，新增属性v和它的属性概念V=({v}′, {v}″)。
输出：插入新增属性v后的新格L′。
BEGIN
WHILE 在L中存在概念H=(Y, X) 使得{v}′⊇Y, X=X∪{v}  /* 找到更新概念 */
  IF  V不是更新概念  THEN   /* V为新增概念 */
    V加入L，寻找V的直接超概念H1，H2，…，Hr；/* 按外延个数由大到小找 */
    FOR i:=1 TO r DO
      加上Hi到V的连线；
    ENDFOR i
    根据V的部分形式背景和最佳不完全覆盖，
    生成V的直接子概念V1，V2，…，Vs；
    FOR i:=1 TO s DO
      Insert (L, V, Vi)；  /* 将Vi插入L中 */
    ENDFOR i
  ENDIF
L′←L
END
```

在上述算法中，用到如下的插入过程。

```
Procedure Insert (L, P, C)
输入：原格L，欲插入的新概念C=(A, B)，C的已在L中的直接超概念P
输出：插入C后的格L。
BEGIN
IF  在L中P的子概念中不存在与C相同者 THEN /* C为新增概念 */
     将C插入到L中，增加P到C的边；
     在P的兄弟概念中寻找C的直接超概念，H1，H2，…，Hr；
     FOR i:=1 TO r DO
     加上Hi到C的连线；
    ENDFOR i
    IF |A|>1 THEN
      由C的部分形式背景和最佳不完全覆盖，
```

```
        生成C的直接子概念 C1, C2, …, Cs;
      FOR i:=1 TO s DO
            Insert (L,C, Ci);   /* 将Ci插入L中* /
      ENDFOR i
    ENDIF
ELSE     /* 找到匹配概念无需再递归生成其子概念* /
    删除L中P的父概念与C之间的边;
    增加P到C的边;
ENDIF //2
END
```

4. 增加属性的概念格更新示例

设有表3.1所示的形式背景,其对应的概念格如图3.3所示。

表3.1 形式背景的一个例子

G \ M	a	b	c	d
1	0	1	0	1
2	0	1	0	1
3	1	0	1	0
4	0	1	1	0
5	1	0	0	0

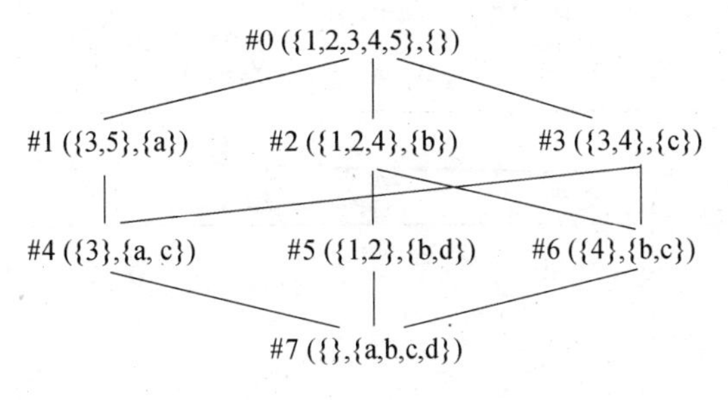

图3.3 由表3.1生成的概念格

我们以表3.1作为初始形式背景，图3.3作为初始概念格L，若要再增加一个属性为e，且$g(\{e\})=\{2, 3, 4\}$，$\{e\}''=\{e\}$，即属性概念V=({2, 3, 4}，{e})。根据上述算法，首先找更新概念，#3，#4，#6，#7为更新概念，其内涵分别增加{e}。其余的为不变概念保留。由于L中没有与V具有相同外延的概念，所以V为新增概念，可以直接插入。首先我们从全概念开始按外延个数递减的顺序向下寻找V的直接超概念。由于#0概念是V的超概念，并且它的所有直接子概念没有再是V的超概念，所以#0就是V的直接超概念，将V=({2, 3, 4}，{e})作为#8概念插入到#0的下面并在之间添加一条边。然后再根据V=({2, 3, 4}，{e})的部分形式背景如表3.2生成它的直接子概念({2, 4}，{b, e})，({3, 4}，{c, e})。因为$\{2, 4\}\cup\{3, 4\}=\{2, 3, 4\}$且$\{2, 4\}\not\subset\{3, 4\}$、$\{3, 4\}\not\subset\{2, 4\}$，所以({2, 4}，{b, e})，({3, 4}，{c, e})为它的最佳不完全覆盖。其中({3, 4}，{c, e})可以找到#3概念与之匹配，删除#3和#0之间的边，增加#3和#8号之间的边。由于在L中没有与({2, 4}，{b, e})匹配的概念，则它为新增概念，将其作为#9概念插入，由于#2概念是它的直接超概念，增加#2到#9之间的边；继续生成#9概念的最佳不完全覆盖({2}，{b, d, e})、({4}，{b, c, e})，#6已经存在为不变概念，生成#10概念插入，增加并删除相应的边，最终生成新的概念格L′的Hasse图，如图3.4所示。

表3.2 V=({2, 3, 4}，{e})的部分形式背景

G \ M	a	b	c	d
2	0	1	0	1
3	1	0	1	0
4	0	1	1	0

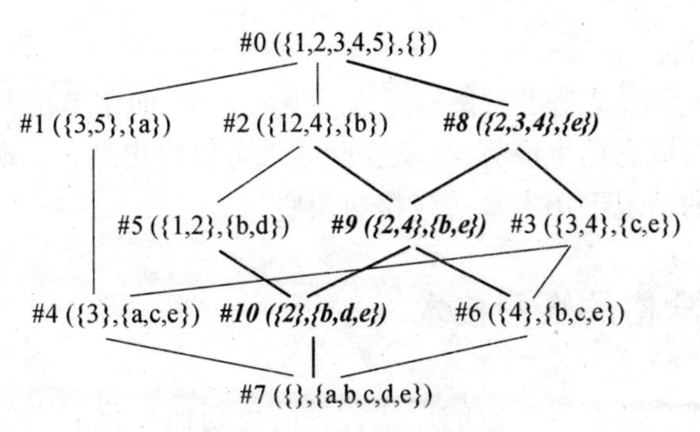

图 3.4 更新后的概念格

5. 实验结果分析

我们在 P4 1.7G 的计算机上，在 Windows XP 平台下用 Java 2 环境实现了该算法，对随机产生的数据进行了测试，并与 Godin 算法进行了比较。

我们用计算机随机产生 10 个形式背景，(即运行十次取平均)。每个形式背景的属性个数为 30，对象属性间存在关系的概率为 0.20，对象个数从 50 开始，每次递增 50 个，直至 500 为止。本算法和 Godin 算法的试验结果见图 3.5。

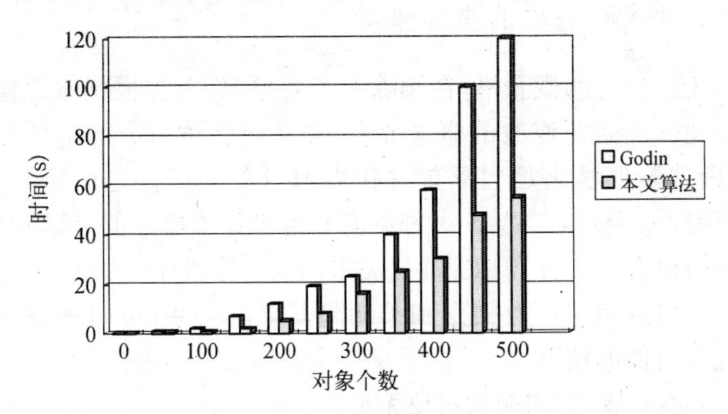

图 3.5 实验结果图

由图 3.5 所示的实验结果可以看出，在对象个数不断增加的情况下本节所述的基于属性的概念格生成算法的时间要优于经典的

Godin 算法。

Godin 算法是基于对象的渐进式生成算法，而本节的两个算法是基于属性的概念格生成算法，从实验结果可以得出结论：现实中对象个数庞大的情况下用本算法建格要快些。

3.3 概念格的维护技术

概念格会随着其对应的形式背景的更新而变化。当形式背景发生变化时，就需要对其对应的概念格进行维护。形式背景的变化有多种情形：对象的增加和删除；属性的增加和删除。对象渐增和属性渐增的概念格的更新在上述的概念格构造算法中已经详细描述，因此，这里的概念格的维护技术主要指形式背景中发生对象删除和属性删除时引起的概念格的更新问题。和概念格生成算法可分为对象渐增和属性渐增算法一样，概念格的维护技术也包括对象删除和属性删除的维护两种，分别称为概念格的横向维护和纵向维护。这里，主要简述概念格的横向维护和纵向维护的大致方案。

3.3.1 概念格的横向维护

对于已构好的概念格，在删除一个对象时，首先根据概念格中概念的变化找出需要修改的概念节点，先从包含该对象的最低节点出发，不断搜索那些满足内涵包含在去掉对象的属性之中的节点；其次，在删除对象后，某些概念的外延可能和其子概念的外延相同，这时要进行概念的合并和相应连接关系的调整等操作。

根据概念格中已有概念和被删除对象的关系，可以把概念分成以下几种可能的情况：

(1) 不变概念，和删除对象无关。

(2) 删除概念，外延由删除的对象构成，直接删除，但要调整连接关系，把其父概念和其子概念连接起来。

(3) 冗余概念，某些概念的外延去除要删除的对象后与其子概念相同，要合并概念，其连线也应做相应的调整。

(4) 更新概念，是在原概念的基础上更新的概念。直接把概念外延中要删除的对象去掉即可。

对于概念格中的一个概念 $C=(A, B)$ 来说，若删除的对象为 object。如果 $object \notin A$，则为不变概念；若 $object \in A$，那么就要根据 $A-\{object\}$ 的情况进行处理。如果 $A-\{object\}=\Phi$，则概念 C 为删除概念，直接删除，并把其父概念(超概念)作为其子概念的直接父概念；如果 $A-\{object\}\neq\Phi$，并且格中没有和它相同外延的概念存在，则 C 为更新概念，直接更新为 $(A-\{object\}, B)$；如果 $A-\{object\}\neq\Phi$，但格中存在和它相同外延的概念，则 C 为冗余概念，这时冗余概念的直接父概念要作为与冗余概念相同外延的概念的直接父概念，即冗余概念的子概念的父概念(直接超概念)要加到冗余概念的父概念集合。冗余概念的其他子概念的直接超概念要加到其下确界父概念，即若子概念为 $Ci=(Aci, Bci)$，要加到的父概念为 $Pj=(Apj, Bpj)$，并且有 $Pj=infimum\{Pk=(Apk, Bpk) \mid Aci \subset Apk\}$)。

从概念格中删除对象 object 的算法的基本实现步骤如下：

(1) 没有任何概念包含这个对象，返回；

(2) 找到包含对象 object 的最小概念 MinimalConcept；

(3) 创建一个概念栈 ConceptStack，用来存放那些包含对象 object 的概念，初始值为空集；

(4) 如果最小概念只有一个孩子，并且只比其孩子多一个对象 object，则 转 5，否则转(7)；

(5) 从父亲的孩子集合中去掉 MinimalConcept；

(6) 将 MinimalConcept 每一个父亲压入 ConceptStack 栈中，调整 MinimalConcept 每一个直接父亲 mc_parent，和直接孩子节点 mc_child 之间的链接关系；

(7) 如果 ConceptStack 非空的话，取出栈顶概念 concept；如果 ConceptStack 为空，则结束；

(8) 从 concept 的对象中删除 object，如果 concept 是

BottomConcept,转 7,否则转 9;

(9) 将 concept 每一个父亲压入 ConceptStack 栈中,转 7。

3.3.2 概念格的纵向维护

概念格的纵向维护就是讲述当形式背景发生纵向删除属性时,如何进行已有概念格的维护更新问题。

删除属性的算法思想:先从包含该属性的最小的节点出发,不断搜索那些满足内涵包含在去掉属性的对象之中的节点。并根据不同的情况进行相应的处理,在删除过程中要注意相应连接关系的调整。

根据属性在某个概念中的地位,可把删除的属性分为:

(1) 无关属性,删除属性对概念没影响。其对应的概念就是不变概念。

(2) 不可缺属性,这里有两种情形:① 删除属性,该概念就不能存在,这时的概念就可称为删除概念。② 由于属性的删除,概念可能和其他的概念的内涵相同,需要合并,这时的概念冗余概念。对于不可缺属性,无论哪种情形,都需要调整相应的子概念-父概念关系。

(3) 可缺属性,只需调整内涵即可。这时的概念就可称为更新概念。

对不同属性的处理,以及子概念-父概念关系的调整的方法和删除对象时的处理方法类似。下面给出从概念格中删除属性 attribute 的算法的伪码:

```
概念格纵向维护算法
INPUT: 已构好的概念格 L,需删除的属性 attribute
OUTPUT: 删除属性后的概念 L′
BEGIN
  FOR 格 L 中的每一个概念 C = (A, B),按内涵的势的升序 DO
    IF attribute∈B THEN
      Attnew = B - {attribute}
        IF Attnew = Φ THEN
```

```
        删除概念 C,并调整有关的链接关系
      ELSE
        FOR 概念 C 的每一个父节点 Cp = (Ap,Bp) DO
          IF Bp = Attnew THEN
        合并 C 到 Cp,并调整有关节点的链接关系
        ELSE
        C = (A, Attnew)
        ENDIF
      ENDFOR
    ENDIF
  ENDIF
ENDFOR
END
```

3.4 结论

基于属性的概念格构造算法,特别是基于属性的渐进式生成概念格的算法不仅为概念格的生成提供了一种新的方法,而且解决了在已构造好概念格的前提下,增加属性所带来的概念格更新问题,这是传统的基于对象的渐进式算法所不能解决的。另外,它也为分布式存储的形式背景及其概念格的横向合并(属性合并)提供了基础。若把该算法和基于对象的渐进式概念格生成算法相结合,就可以灵活地处理不同情况下对概念格的更新问题。

第四章　概念格分布处理模型

随着处理的形式背景的增大,概念格的时空复杂度也会随着急剧增大。研究采用新的方法和手段来构造概念格,是概念格技术应用于大型复杂数据系统的前提。有关概念格生成的算法在上一章中也有描述。而概念格的分布处理思想就是通过形式背景的拆分,形成分布存储的多个子背景,然后构造相应的子概念格,再由子概念格的合并得到所需的概念格。这种把构造概念格的任务分成多个子任务,每个子任务构造部分概念格,再由部分概念格合并形成形式背景所对应的概念格的方案称为概念格分布处理模型或分布式概念格模型。

4.1　形式背景的分布处理

4.1.1　形式背景的并置和叠置

由于概念格是其形式背景中的概念间关系的表现形式,它和对应的形式背景是一一对应的。因此,对概念格的分布处理必然涉及形式背景的拆分、合并等处理和运算。它是概念格进行分布构造的前提。

根据 Wille R 在[1]中提出了的有关思想,有如下定义:

定义 4.1　设 $K:=(G, M, I)$, $K_1=(G_1, M_1, I_1)$ 和 $K_2=(G_2, M_2, I_2)$ 是形式背景。对 $j\in\{1, 2\}$,使用几个缩写: $\dot{G}_j:=\{j\}\times G_j$, $\dot{M}_j:=\{j\}\times M_j$ 和 $\dot{I}_j:=\{((j, g),(j,m))\mid(g, m)\in I_j\}$,可以定义:

(1) 如果 $G_1=G_2=G$,则 K_1 和 K_2 的并置(Apposition)为:

$$K_1|K_2=(G, \dot{M}_1\cup\dot{M}_2, \dot{I}_1\cup\dot{I}_2)。$$

(2) 如果 $M_1=M_2=M$,则 K_1 和 K_2 的叠置(Subposition)为:

$$\frac{K_1}{K_2}=(\dot{G}_1 \cup \dot{G}_2, M, \dot{I}_1 \cup \dot{I}_2)。$$

定义中通过用$\dot{G}_i$ 表示$\{i\}\times G_i$、用$\dot{M}_i$ 表示$\{i\}\times M_i$，是为了确保集合是不相交的。该定义可以推广到多个形式背景的并置和叠置。

对于并置，可认为$(K_1|K_2)|K_3$ 和 $K_1|(K_2|K_3)$是等同的。对叠置也存在同样情况，即：

$$\frac{\left(\frac{K_1}{K_2}\right)}{K_3}\text{等同于}\frac{K_1}{\left(\frac{K_2}{K_3}\right)}。$$

甚至对这两种运算的混合形式也认为是一样的：

$$\frac{K_1|K_2}{K_3|K_4}\text{等同于}\frac{K_1}{K_3}\Big|\frac{K_2}{K_4}。$$

实际上，并置就可理解为两个对象域相同、属性项不同的形式背景间的合并，也可以称为横向合并；叠置可理解为两个对象域不同、属性项相同的形式背景间的合并，也可以称为纵向合并。

类似地，形式背景合并的逆运算-形式背景的拆分也存在横向拆分和纵向拆分。

形式背景的纵向合并在实际应用中，也是具有合理性的。例如，对于有关人口普查的形式背景(信息表)，每人填写的项(属性)是相同的，而各省、市、县分别进行普查登记，所形成的信息表就是属于对象域不同、属性项相同的形式背景，要形成总的人口普查信息表，就需对这些小的形式背景(子背景)进行叠置处理。

4.1.2 不一致背景及其处理

定义 4.2 如果相同属性项的形式背景 $K_1=(G_1, M, I_1)$和$K_2=(G_2, M, I_2)$满足 $G_1\subseteq G$, $G_2\subseteq G$，则称 K_1 和 K_2 是同对象域上的形式背景，简称为同域背景。同理，如果相同对象域的形式背景$K_1=(G, M_1, I_1)$和 $K_2=(G, M_2, I_2)$满足 $M_1\subseteq(M, M_2\subseteq M$，则称

K_1 和 K_2 是同属性项上的形式背景，简称为同项背景。

在同域背景中，对象 G_1 和 G_2 由两种不同的情形：$G_1 \cap G_2 = \phi$ 或 $G_1 \cap G_2 \neq \phi$。同理，在同项背景中，属性 M_1 和 M_2 由两种不同的情形：$M_1 \cap M_2 = \phi$ 或 $M_1 \cap M_2 \neq \phi$。

定义 4.3 在同域形式背景 K_1 和 K_2 中，若 $G_1 \cap G_2 = \phi$，则称 K_1 和 K_2 是外延独立的，简称独立的；若 $G_1 \cap G_2 \neq \phi$，对于任意 $g \in G_1 \cap G_2$ 和任意 $m \in M$ 满足 $gI_1m \Leftrightarrow gI_2m$，则称 K_1 和 K_2 是一致的；若 $G_1 \cap G_2 \neq \phi$，对于某些 $g \in G_1 \cap G_2$ 和某些 $m \in M$ 有 $gI_1m \not\Leftrightarrow gI_2m$，则称 K_1 和 K_2 是不一致的。同理，在同项形式背景 K_1 和 K_2 中，若 $M_1 \cap M_2 = \phi$，则称 K_1 和 K_2 是内涵独立的；若 $M_1 \cap M_2 \neq \phi$，对于任意 $g \in G$ 和任意 $m \in M_1 \cap M_2$ 满足 $gI_1m \Leftrightarrow gI_2m$，则称 K_1 和 K_2 是内涵一致的。

显然，独立的一定也是一致的。下面着重讨论对外延不一致的形式背景的处理问题。

设形式背景 K_1 和 K_2 是两个属性域相同的不一致的形式背景，其属性域 $M_1 = M_2 = M = \{m_1, m_2, \cdots, m_n\}$；对于每一个不一致的 $g \in G_1 \cap G_2$，设其在 K_1 中对应的属性值集为 $\{m_{11}, m_{12}, \cdots, m_{1n}\}$，而在 K_2 中对应的属性值集为 $\{m_{21}, m_{22}, \cdots, m_{2n}\}$，为方便叙述，$G_1$ 中的对象 g 记为 g_1，而在 G_2 中记为 g_2。

为了比较对象 g_1 和 g_2 的相似程度，参照文献[90]，提出一种新颖的适用范围较广的属性相似(Attribute Similarity)的方法。

属性相似就是注重根据相似的属性值来确定两个对象的相似性。

定义 4.4 设 g_1、g_2 分别是形式背景中的两个对象，可以定义相应的可比较属性：

$Pm(gi) \coloneqq \{m \mid m \in M\}$，$i = 1、2$；

$Pm(g_1, g_2) \coloneqq Pm(g_1) \cap Pm(g_2)$。

对于本节的同域背景，$Pm(g_1, g_2) = M_1 = M_2 = M$。

形式背景中对象的属性取值类型有多种，笼统来说，有数字(数值)型和字符(文字)型的两种，数字(数值)型也可看作字符(文字)型的特例。因此，对属性的取值作如下定义：

定义 4.5 设 L 是属性可取的一个字符(文字)值的集合,则可定义对象 gi 所对应的属性值为:

Av(m, gi):= {lx | lx∈L∧A(gi, lx)},这里 A(gi, lx)表示对象 gi 具有属性值集 lx。

这里定义的 Av 的取值集合不单单是数值,而可以是文字(字符)值集,我们就需要建立用于比较文字值的新的相似度方法。因为属性可以是名称、生日、一个国家的人口数、收入等。用它们的意义比较是困难的。可以以通用的日期或数字数据类型来解析这种属性值,并在解析的值上进行比较。如人口普查中字符值属性“学历”就可用不同的数字(数值)来表示。.对于一个特定的属性,如果不能解析它们的值,就把该属性忽略。这样,就需把数值的差异转换为介于[0, 1]间的相似度值。为此,首先可以计算这一属性的不同值间差异的最大值,并将相似度算作为 1-(差异/最大差异)。

定义 4.6 设 atsim(m,m)是属性 m 间的差异,并定义属性差异的最大值为:matsim:=max{atsim(m_i, m_j) | m_i∈M∧m_j∈M},这样对于属性 mi 中的任意两个文字属性值 m_{1i} 和 m_{2i} 间的相似度可定义为:

$$\mathrm{lsim}(m_{1i}, m_{2i}, m_i) := 1 - \frac{\mathrm{atsim}(m_{1i}, m_{2i})}{\mathrm{matsim}(m_i)}。$$

定义 4.7 对于对象 g_1 和 g_2 在一个属性 mi 上的相似度定义为:

$$\mathrm{SOA}(g_1, g_2, m_i) := \begin{cases} 0; & \text{如果 } \mathrm{Av}(m_i, g_1) = \phi \lor \mathrm{Av}(m_i, g_2) = \phi \\ \left(\dfrac{\sum_{(a \in \mathrm{Av}(m_i, g_1))} \max\{\mathrm{lsim}(a, b, m_i) \mid b \in \mathrm{Av}(m_i, g_2)\}}{|\mathrm{Av}(m_i, g_1)|} \right); & \\ \text{如果 } |\mathrm{Av}(m_i, g_1)| \geqslant |\mathrm{Av}(m_i, g_2)| & \\ \left(\dfrac{\sum_{(a \in \mathrm{Av}(m_i, g_2))} \max\{\mathrm{lsim}(a, b, m_i) \mid b \in \mathrm{Av}(m_i, g_1)\}}{|\mathrm{Av}(m_i, g_2)|} \right); & \\ \text{其他情况。} & \end{cases}$$

定义 4.8 对于两个对象 g_1 和 g_2 的属性相似度可定义为：

$$AS(g_1, g_2) := \frac{\sum_{a \in Pm(g_1, g_2)} SOA(g_1, g_2, a)}{|Pm(g_1, g_2)|}。$$

明显地，$AS(g_1, g_2)$是介于[0, 1]间的实数。

这样，两个对象的相似程度越高，其属性相似度值就越大。上述的属性相似度可以适用不同的属性值类型。

对于每一个不一致的对象 g，先计算其在形式背景 K_1 和 K_2 中属性相似度 $AS(g_1, g_2)$，然后设置一个相似度阈值 ts。当 $AS(g_1, g_2) < ts$ 时，认为在 K_1 和 K_2 中的对象 g 是不相似的，可以按独立对象来处理，即 K_1 和 K_2 中的对象 g 不是一个对象，可以分别用不同的对象名来表示。当 $AS(g_1, g_2) \geqslant ts$ 时，认为在 K_1 和 K_2 中的对象 g 是相似的，可以按一致对象来处理，即 K_1 和 K_2 中的对象 g 的属性集处理为相同的属性集。

通过上述的处理，对于不一致的形式背景就被转化为独立背景或一致背景。

因此，多个子形式背景就可以通过形式背景的纵向合并和横向合并形成总的形式背景。反过来说，一个形式背景就可通过纵向拆分和横向拆分形成多个子背景。

4.2 概念格的分布处理

4.2.1 概念格的分布处理概述

形式背景的拆分有横向和纵向之分。把一个形式背景拆分成了多个子背景(局部背景)，其对应的格就可称为子格(部分格)，这样形式背景所对应的概念格(相对于部分格，就可称为完整格或全局格)就可通过各子格进行合并来实现。这种概念格的构造方法采用的就是一种分治策略(Divide-and-conquer Strategy)，或者说是概念格的分布处理模型或框架。

在采用分治策略构造概念格的研究中，P. Valtchev 等分别在文[10]和[11]提出了叠置格和并置格两种概念格的构造方案。所谓叠置格就是通过形式背景的叠置所得到的概念格，它实际上是对应子格的横向合并；并置格就是通过形式背景的并置所得到的概念格，它实际上是对应子格的纵向合并。在文[10]中，构造子格的算法就是采用的 Godin 算法，只是在调整新增概念的父子关系时，引入了上覆盖(Upper Cover)概念。在文[11]中，子格的构造采用的是一种递归的方法，并在概念格的构造中引入了下覆盖(Lower Cover)概念。而在子格或局部格(Partial Lattice)合并为完整格或全局格(Global Lattice)中，两种方案中都是引入了子格和完整格之间的两个映射函数来通过部分格概念计算全局格概念。以并置格为例，设形式背景的属性被分割为 A_1 和 A_2，对于部分格中的两个概念(X_1, Y_1)和(X_2, Y_2)，那么这两个映射函数就可定义为：

定义 4.9 设函数 φ: GL→PL，是全局格概念到部分格概念的映射，那么：

$$\varphi((X, Y))=(((Y\cap A_1)', Y\cap A_1), ((Y\cap A_2)', Y\cap A_2));$$

同理，设函数：ψ: PL→GL，是部分格概念到全局格概念的映射，那么：

$$\psi(((X_1, Y_1), (X_2, Y_2)))=(X_1\cap X_2, (X_1\cap X_2)')。$$

有了上述的两个映射函数，就可以通过枚举两个子格概念之间的组合，计算出其对应的全局格概念。但是，在 P. Valtchev 的算法中，由于一个部分格的概念对另一部分格的概念是遍历计算，会产生较大的重复，从而影响了算法效率。

由于渐进式构造概念格的算法，具有较强的生命力和适应性，我们仍采用渐进式构造格的思想来实现多个子格的合并。和形式背景的分布处理相对应，多概念格的合并就有横向合并和纵向合并两种[26,91]。下面详细讲述多概念格的横向合并算法，并对纵向合并作简单的描述。

4.2.2 多概念格横向合并算法

1. 多概念格横向合并的依据

定义 4.10 如果形式背景 $K_1=(G, M_1, I_1)$和 $K_2=(G, M_2, I_2)$是同项背景,则形式背景 K_1 和 K_2 所对应的概念格 $L(K_1)$ 和 $L(K_2)$是同项概念格。

定义 4.11 在同项形式背景 K_1 和 K_2 中,若 $M_1 \cap M_2=\phi$,则称 $L(K_1)$ 和 $L(K_2)$是内涵独立的;若 $M_1 \cap M_2 \neq \phi$,对于任意 $g \in G$ 和任意 $m \in M_1 \cap M_2$ 满足 $gI_1m \Leftrightarrow gI_2m$,则称 $L(K_1)$和 $L(K_2)$是内涵一致的。

显然,内涵独立的是内涵一致的特例,内涵独立的一定也是内涵一致的。下面着重讲述多个内涵一致的概念格的横向合并问题。

定义 4.12 如果 $K_1=(G, M_1, I_1)$,$K_2=(G, M_2, I_2)$是两个内涵一致的形式背景,则:

$K_1 \overline{+} K_2=(G, M_1 \cup M_2, I_1 \cup I_2)$称为两个形式背景的横向加运算,用加横线的加操作符($\overline{+}$)表示。

定义 4.13 对于 $K=(G, M, I)$中的形式概念 $C_i=(A_i, B_i)$、$C_j=(A_j, B_j)$ $(i \neq j)$,

(1) 如果 $A_i=A_j$,则称 $C_i=C_j$,即概念相等。

(2) 如果 $A_i \supset A_j$,则称 C_i 大于 C_j。

(3) 如果 $A_k=A_i \cap A_j$,$B_k=B_i \cup B_j$,则 $C_k=(A_k, B_k)=C_i \overline{+} C_j$,即概念间横向加运算。

有了上述的定义,就可以进行概念格的横向合并运算。

定义 4.14 如果 $L(K_1)$ 和 $L(K_2)$是两个内涵一致的概念格,设它们的横向并运算 $L(K_1) \overline{\cup} L(K_2)$等于概念格 L,那么对于 $L(K_1)$中的某个概念 C_1 和 $L(K_2)$中的某个概念 C_2,令 $C_3=C_1 \overline{+} C_2$,如果在 $L(K_1)$中的所有小于 C_1 的概念中不存在等于或大于 C_3 的概念,且在 $L(K_2)$中的小于 C_2 的所有概念中不存在等于或大于 C_3 的概念,则 $C_3 \in L$,而上述情况之外的概念不属于 L。

同样地，横向并运算用加横线的并操作符($\overline{\cup}$)表示。

定理 4.1 如果 $L(K_1)$ 和 $L(K_2)$ 是内涵一致的概念格，则 $L(K_1)\overline{\cup}L(K_2)=L(K_1\mp K_2)$。

证明：

(1) 证明在 $L(K_1)\overline{\cup}L(K_2)$ 中的概念一定在 $L(K_1\mp K_2)$ 中：

假定 $C_3=(A_3, B_3)\in L(K_1)\overline{\cup}L(K_2)$，如果 C_3 由定义 4.14 生成的，则有 $C_1=(A_3\cup A_x, B_1)\in L(K_1)$ 和 $C_2=(A_3\cup A_y, B_2)\in L(K_2)$，且 $A_x\cap A_y=\phi$ 和 $B_1\cup B_2=B_3$。那么在 K_1 中有 B_1 使得 $g(B_1)=A_3\cup A_x$，$f(A_3)\supseteq f(A_3\cup A_x)=B_1$，这时若 $A_x=\phi$，则 $f(A_3)=f(A_3\cup A_x)=B_1$；若 $A_x\neq\phi$，由于任何小于 C_1 的概念中不存在等于或大于 C_3 的概念，所以只能有 $f(A_3)=f(A_3\cup A_x)=B_1$，这时$(A_3, B_1)$不是一个概念，因为 $A_3\neq g(f(A_3))$。同理在 K_2 中有 B_2 使得 $g(B_2)=A_3\cup A_y$ 和 $f(A_3)=B_2$，因此在 $K_1\mp K_2$ 中有 $B_1\cup B_2=B_3$ 满足 $g(B_3)=A_3$ 和 $f(A_3)=B_3$，即 $C_3=(A_3, B_3)\in L(K_1\mp K_2)$；

(2) 证明在 $L(K_1\mp K_2)$ 中的概念一定在 $L(K_1)\overline{\cup}L(K_2)$ 中：

假定 $C_3=(A_3,B_3)\in L(K_1\mp K_2)$，如果 $B_3=B_1\cup B_2$，且 B_1 在 K_1 中和 B_2 在 K_2 中，则在 K_1 中有 $g(B_1)=A_3\cup A_x$，$f(A_3\cup A_x)=B_1$ 和在 K_2 中有 $g(B_2)=A_3\cup A_y$，$f(A_3\cup A_y)=B_2$ 且 $A_x\cap A_y=\phi$，即有 $C_1=(A_3\cup A_x, B_1)\in L(K_1)$ 和 $C_2=(A_3\cup A_y, B_2)\in L(K_2)$。并且由于在 $K_1\mp K_2$ 中有 $f(A_3)=B_3=B_1\cup B_2$，则在 K_1 中有 $f(A_3)=B_1=f(A_3\cup A_x)$，而$(A_3, B_1)$不是 $L(K_1)$ 中的一个概念，因为 $A_3\neq g(f(A_3))$，也就是说在 $L(K_1)$ 小于 C_1 的概念中不存在等于或大于 C_3 的概念；同理在 K_2 中有 $f(A_3)=B_2=f(A_3\cup A_y)$，并且在 $L(K_2)$ 小于 C_2 的概念中不存在等于或大于 C_3 的概念。则 C_3 能由 $L(K_1)$ 中的 C_1 和 $L(K_2)$ 中的 C_2 根据定义 4.14 生成，因此 $C_3=(A_3, B_3)\in L(K_1)\overline{\cup}L(K_2)$。

至此，就为多概念格的横向合并提供了依据。也就是说，若要构造一个形式背景的概念格，可先进行形式背景的横向拆分。为简单起见，可以采用均等拆分，把原背景拆分为多个小的子形式背景，然后采用相应的概念格生成算法构造相应的子概念格，再通过子概念格的横向并运算就可得到形式背景的概念格。

2. 概念格横向合并的算法描述

概念格横向合并算法的思想是先利用基于属性的概念格渐进式生成算法(简记为CLIF_A算法[24])构造子概念格，然后依次把一个子格中的概念渐进插入另一个子格中，形式所需的概念格。

在概念格L(K)中追加一个概念(A, B)时，首先根据格中的所有节点和新增的概念间的关系，找到需要修改的概念；概念间的关系发生变化时，相应的边也要作相应的修改。

对于概念C，设其内涵、外延分别用Intent(C)和Extent(C)表示。

定义4.15 对于一个概念C=(A, B)，如果在概念格L(K)中存在一个概念$C_1=(A_1, B_1)$，并满足$A_1\subseteq$Extent(C)，则称概念C_1为对于概念C的更新概念。

显然地，对于一个更新概念来说，它将被更新为(A_1, Intent(C)$\cup B_1$)。

定义4.16 对于某个概念C=(A, B)，如果在概念格L(K)中存在一个概念$C_1=(A_1, B_1)$，并满足：(1) Newextent=Extent(C)$\cap A_1$，在格中不存在任意概念C_2，使Extent(C_2)=Newextent；(2) 对于C_1概念的任意孩子概念C_3，都没有Extent(C_3)$\cap$Extent(C)=Newextent；则称C_1为和概念C形成新增概念的产生子概念。

对于定义4.16中的条件(2)，实际上就是要保证产生子概念是其新增概念的上确界(Supremum)概念。

定理4.2 如果概念格L(K)某个概念$C_1=(A_1, B_1)$是和概念C=(A, B)形成新增概念的产生子概念，则由其产生的新增概念Cnew=(Extent(C)$\cap A_1$, Intent(C)$\cup B_1$)。

证明： 由定义4.16知道，在格中原不存在外延等于Newextent=Extent(C)$\cap A_1$的概念，所以在新概念格中一定需增加一个新节点，其外延就等于Newextent，且Newextent< Extent(C_1)。对于概念格

中的一个概念来说，其内涵是最大化的，即对内涵的任意扩大都将导致外延的减少。根据概念中外延和内涵之间的固有关系，即外延的减少其内涵就相应地增大，可以得到新增概念的内涵一定是 Intent(C)$\cup B_1$。

这样，对于同项概念格 $L(K_1)$和 $L(K_2)$，只要把 $L(K_2)$中的概念一一插入到 $L(K_1)$中就可得到 $L(K_1)\overline{\cup}L(K_2)$。采用的算法类似于基于属性的概念格渐进式生成算法，只是前者是渐增概念而后者是渐增属性。同时 $L(K_2)$中的概念间存在固有的泛化-特化关系，因此在把 $L(K_2)$中的概念一一插入到 $L(K_1)$的过程中要利用概念间的关系，来降低算法的时间复杂度。

定理 4.3 假定在原概念格 $L(K_1)$和 $L(K_2)$中的概念都按外延的势的大小从小到大顺序排列，如果 $L(K_1)$的概念 C_1 是对应 $L(K_2)$中的概念 C 的更新概念或新增概念，并且 $L(K_2)$中的概念 C'是在概念 C 之后插入 $L(K_1)$，则无需考虑概念 C'和概念 C_1 间的运算。

证明：因为设概念 C_1 是 $L(K_1)$中的概念 C_1'和 $L(K_2)$中的概念 C 形成的，即 $A\cap A_1'=A_1$，$B\cup B_1'=B_1$。如果概念 C 和概念 C'间存在泛化-特化关系，即概念 C 是概念 C'的后代，则有 $A_1\subseteq A\subset A'$，$B_1\supset B\supset B'$，所以 $C_1\mp C'=C_1$，则在概念 C' 插入 $L(K_1)$时，无需考虑概念 C'和概念 C_1 间的运算。

如果概念 C 和概念 C'间不存在泛化-特化关系，即不存在父子关系，那么最近的关系是兄弟关系。设 $A\cap A'=A''$，$B\cup B'=B''$，那么如果 $A''=\phi$，则概念 C_1 和概念 C'不存在任何关系，即 $A_1\cap A'=\phi$，它们之间的运算也就无需考虑。如果 $A''\neq\phi$，则 $L(K_2)$中概念 $C''=(A'',B'')$是概念 C 和 C'的孩子。设概念 C_1 和概念 C'形成概念 $C_1''=(A\cap A_1'\cap A', B\cup B_1'\cup B')=(A_1'\cap A\cap A', B_1'\cup B\cup B')$，由于概念 C''先于概念 C'插入 $L(K_1)$，概念 C_1''一定由概念 C_1'和概念 C''形成了，所以也无需考虑概念 C'和概念 C_1 间的运算。

对于多于两个的同项概念格，可以依次地把其他的子格插入到某个子格中。

多概念格的横向合并算法（**H**orizontal **U**nion Algorithm of **M**ultiple **C**oncept **L**attices，简记为HUMCL算法）的伪码描述如下：

```
INPUT: L(K1)、L(K2)…L(Kn)，n个同项一致的概念格(n≥2)
OUTPUT: L(K1)∪̄L(K2)…∪̄L(Kn)
BEGIN
FOR  L(Ki)中每个概念按外延的势的大小从小到大顺序排列，i = 2, …, n  DO
     采用改进的基于属性的概念格生成算法把概念(A, B) ∈L(Ki)插入到L(K1)
ENDFOR
END

;改进的基于属性的概念格渐进式生成算法
INPUT: 概念格L(K1)和概念(A, B)
OUTPUT: 新的概念格L(K1)
BEGIN
FOR 每个概念节点(A1, B1)∈L(K1)，按照|A1|的升序排列 DO
  IF 节点(A1, B1)的更新或新增标志 THEN CONTINUE ENDIF    (*)
  IF A1⊆A THEN; {更新概念}
    将B加到B1 中，B1 = B1∪B;
    将(A1, B1)加入到VISITED_CS中;
    置(A1, B1)节点的更新或新增标志; (*)
    IF A1 = A THEN exit ENDIF
  ELSE
    Newextent = A1∩A; {可能是产生子概念}
    IF 不存在某个(A′1, B′1) ∈VISITED_CS
      满足 A′1 = Newextent THEN
      创建一个新节点 Cnew = (Newextent, B1∪B));
      增加边(A1, B1)→Cnew;
        FOR VISITED_CS 中的每个节点 Ca DO
        IF (Extent(Ca) ⊂Newextent) THEN
        Child:= true;
          FOR Ca的每个父节点 Cp DO
```

```
        IF (Extent(C_p) ⊂Newextent) THEN child:= false; break; ENDIF
        ENDFOR
        IF child THEN
        IF C_a是(A_1, B_1)的孩子节点 THEN 删除边(A_1, B_1) →C_a; ENDIF
        增加边 C_new→C_a;{C_a 是新增节点的直接孩子概念}
        ENDIF
      ENDIF
      ENDFOR
      将 C_new 加入到 VISITED_CS 中;
      置 C_new 节点的更新或新增标志;  (*)
    ENDIF
  ENDIF
ENDFOR
END
```

算法中标注(*)的行是对基于属性的概念格渐进式生成算法(CLIF_A)的改进部分。

3. 多概念格的横向合并算法分析及简单示例

现以 $L(K_1)\overline{\bigcup}L(K_2)$ 为例,来分析 HUMCL 算法的复杂度。HUMCL 算法的核心部分是改进的基于属性的概念格渐进式生成算法。设在格 $L(K_1)$ 包含的概念数为 $|L_1|$,格 $L(K_2)$ 包含的概念数为 $|L_2|$。先考虑不含改进部分的 CLIF_A 算法,若要在原格 $L(K_1)$ 中要插入概念 $(A, B)=(g(B),B)$,至多产生 $2^{|g(B)|}$ 个外延包含于 $g(B)$ 的概念。因此,更新节点和新增节点的数目至多为 $2^{|g(B)|}$。假设对于格 $L(K_2)$ 中的所有概念 $(g(B_i),B_i)$,有 $\text{average}(|g(B_i)|)\leqslant K$,则可认为插入一个概念时更新节点和新增节点的数目为 2^K,所以原 CLIF_A 算法的时间复杂度可表示为 $O(2^K\times|L_1|)$,这时格 $L(K_1)$ 包含的概念数 $|L_1'|\leqslant 2^K+|L_1|$。若考虑再插入一个概念,那么算法的时间复杂度为 $O(2^K\times|L_1'|)=O(2^K\times(|2^K+|L_1|))=O(2^{2K}+2^K\times|L_1|)$,这时格 $L(K_1)$ 包含的概念数 $|L_1''|\leqslant 2\times 2^K+|L_1|$。现在要把 $|L_2|$ 个概念依次插入 $L(K_1)$,其时间复杂度可表示为 $O(2^{2K}\times((|L_2|-1)+\cdots+$

$3+2+1)+2^K \times |L_1| \times |L_2|)=O(2^{2K} \times ((|L_2|-1) \times |L_2|)/2+2^K \times |L_1| \times |L_2|)=O(2^{2K} \times |L_2|^2+2^K \times |L_1| \times |L_2|)$，即若采用不含改进部分的 CLIF_A 的 HUMCL 算法的复杂度为 $O(2^{2K} \times |L_2|^2+2^K \times |L_1| \times |L_2|)$。对于改进的 CLIF_A 算法，由于每次加入概念都无需考虑和以前概念插入时新增或更新概念之间的运算，那么当插入第一个概念后再插入一个新概念时的时间复杂度仍为 $O(2^K \times |L_1|)$，所以要把 $|L_2|$ 个概念依次插入 $L(K_1)$，其时间复杂度可表示为 $O(2^K \times |L_1| \times |L_2|)$，即若采用含改进部分的 CLIF_A 的 HUMCL 算法的复杂度为 $O(2^K \times |L_1| \times |L_2|)$。可以看出，这时算法的复杂度显著降低。

设把表 2.1 所示的形式背景横向分成两个子背景 $K_1=(G, M_1, I_1)$ 和 $K_2=(G, M_2, I_2)$，其中 $M_1=\{a, b\}$ 和 $M_2=\{c, d\}$。其对应的子格为 $L(K_1)$ 和 $L(K_2)$，分别如图 4.1 和图 4.2 所示。

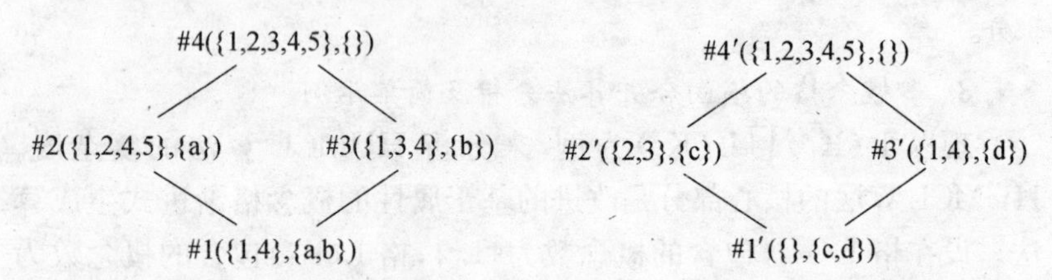

图 4.1　子背景 K_1 对应的子格 $L(K_1)$　　**图 4.2　子背景 K_2 对应的子格 $L(K_2)$**

两个子格中的节点按其外延的势的大小从小到大按序进行处理，其序号标注在节点旁。现在把 $L(K_2)$ 中的节点依次加入到 $L(K_1)$ 中。

① 加入节点＃1′：首先和＃1 运算，$\{\} \cap \{1, 4\}=\{\}$，$\{a, b\} \cup \{c, d\}=\{a, b, c, d\}$，得到节点＃5 ({}, {a, b, c, d})，而在 $L(K_1)$ 和 $L(K_2)$ 中都不存在小于＃1 和＃1′节点，所以节点＃5({}, {a, b, c, d})是新增节点，其产生子是＃1；而＃1′和＃1 的后续节点都产生外延和＃5 相同的节点，所以不会产生新增节点。加入＃1′后的格如图 4.3 所示，其中加粗的节点是新增节点，加粗的实线表示它和其产

生子节点之间的连接线。

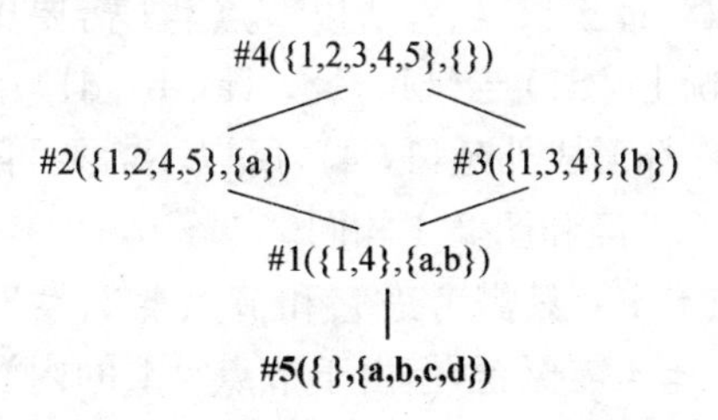

图 4.3 加入 $L(K_2)$ 中的节点＃1′时 $L(K_1)$ 的变化

② 加入节点＃2′：由于它是节点＃1′的后加入节点，所以无需考虑它和新增节点＃5 间的运算。和＃1 运算，由于$\{1, 4\}\cap\{2, 3\}=\{\}$，不会产生新节点；和＃2 运算，$\{1, 2, 4, 5\}\cap\{2, 3\}=\{2\}$，$\{a\}\cup\{c\}=\{a, c\}$，得到节点＃6(\{2\}, \{a, c\})，由于在 $L(K_1)$ 和 $L(K_2)$ 中小于＃2 和＃2′的节点都没有等于或大于＃6，所以节点＃6(\{2\}, \{a, c\})为新增节点，其产生子是＃2；同理，和节点＃3 运算产生新增节点＃7(\{3\}, \{b, c\})，和节点＃4 运算产生新增节点＃8(\{2, 3\}, \{c\})，这里的新增是指新增到 $L(K_1)$ 中的节点。加入＃2′后的格如图 4.4 所示，其中加粗的节点是新增节点，加粗的实线表示它和其产生子节点之间的连接线，加粗的虚线表示它和其直接孩子节点之间的连接线。

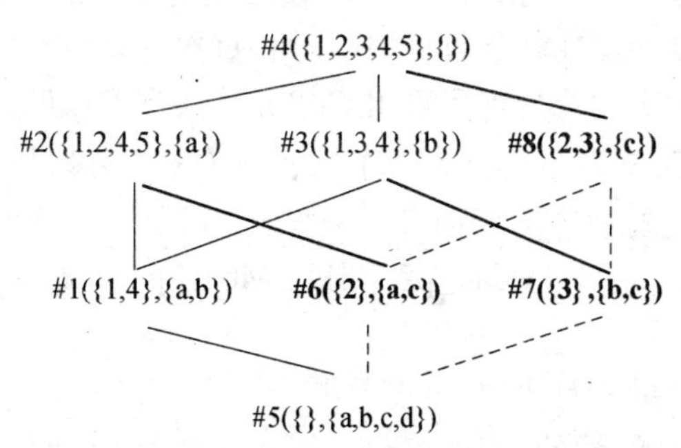

图 4.4 加入 $L(K_2)$ 中的节点＃2′时 $L(K_1)$ 的变化

③ 加入节点＃3′：由于无需考虑和新增节点间的运算，它首先和＃1运算，因为{1, 4}⊆{1, 4}，所以节点＃1需要更新，形成更新节点({1,4}, {a, b}∪{d})＝({1, 4}, {a, b, d})；＃3′和后面＃2、＃3、＃4节点运算都形成外延{1, 4}，所以不需要再进行处理。加入＃3′后的格实际上已经和图2.1相同。

④ 加入节点＃4′：只需考虑它和节点＃2、＃3、＃4运算，明显地，节点＃2、＃3、＃4需更新，但由于节点＃4′的内涵为{}，所以这些节点不变。

可以看出，$L(K_1)\overline{\bigcup}L(K_2)=L(K_1\mp K_2)=L(K)$。

4. 多概念格的横向合并算法试验及其讨论

为了验证上述多概念格的横向合并算法的有效性，我们在Windows 2000下用Java 2编程实现了该算法，在P4 1.7G的计算机上对随机产生的数据采用不同的拆分方案进行了测试，并和基于对象的渐进式生成概念格算法(如Godin算法[8])、基于属性的概念格渐进式生成算法(CLIF_A算法[24])直接形成概念格进行了比较。试验中，形式背景的对象个数、属性个数及其对象属性间存在关系的概率由程序随机产生。

考虑到在实际的数据表中，数据表的记录(对象)的个数会越来越大，而字段(属性)的个数往往是有限的。首先，我们随机产生10个形式背景。每个形式背景的属性个数固定为30，对象属性间存在关系的概率为0.20，对象个数从50开始，每次递增50个，直至500为止。对形成的形式背景直接采用Godin算法和CLIF_A算法构造概念格，然后把形式背景拆分为2个均等的子形式背景和4个均等子背景分别采用多概念格的横向合并算法进行试验，两个拆分方案的合并算法分别记为HUMCL_p2和HUMCL_p4。试验结果如图4.5所示。

从试验结果的对比中，可以看出：

① 随着对象数的增加，Godin算法所需的时间显著地增加，而CLIF_A算法和HUMCL_p2算法的时间虽然也不断增加，但比

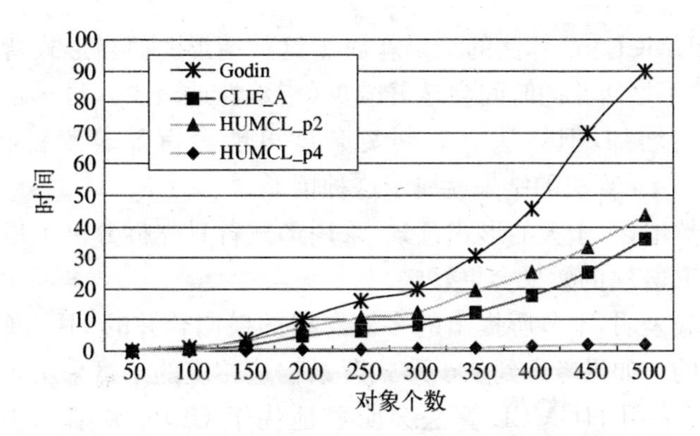

图 4.5　多概念格的横向合并算法和其他算法的试验比较

Godin 算法较优。

② 把形式背景的属性均等拆分为两部分，形成 2 个子背景，然后分别构造相应的子概念格，再进行子格的横向合并的 HUMCL_p2 算法和直接采用 CLIF_A 算法构造格的时间相比，两者相差不大，HUMCL_p2 算法用时稍多些。

③ 把形式背景的属性细分为 4 个部分，采用 HUMCL_p4 算法构造概念格的时间复杂度比其他方法要优越得多。

随着对象的增加，形式背景规模变大，形成的概念的数目会随着指数性地增加[8]。由于 Godin 属于基于对象的算法，它对对象的变化更敏感些，其时间复杂度就会随着对象的增加而急剧增加；而 CLIF_A算法和 HUMCL 算法是基于属性的算法，其时间复杂度虽会因形式背景规模扩大而有所增加，但影响程度较小些。

把形式背景的属性项均等拆分，分别构造子格再横向合并形式概念格的方案中，构造概念格的时间就主要有子格的构造时间和子格的合并时间两部分。由于形式背景的规模与其概念格的规模之间的指数性的关系，把形式背景拆分为几个小的子形式背景再构造相应子格的时间之和肯定少于直接由大的形式背景构造概念格所需的时间。但当构造子格所节省的时间不足于抵消子格合并所需的时间时，采用 HUMCL 算法的总时间复杂度就会比 CLIF_A 算法稍高，试验中 HUMCL_p2 算法的结果就属于这种情形。而当形式背景再细分,构造子格所花的时间会显著减少(指数性地减少),虽子格合并的总时间会增加,但算法总时间复杂度可能会有显著改善,试验中 HUMCL_p4 算法的结果就属于这种情形。

显然地,对于大的形式背景,采用形式背景先拆分再子格合并的 HUMCL 算法的效果会更好些。

试验表明,本节所提出的多概念格的横向合并的 HUMCL 算法是有效的。如果考虑到从子形式背景构造相应的子格采用多机并行处理,则采用 HUMCL 算法会明显地优于 CLIF_A 算法和 Godin 算法。

4.2.3 多概念格纵向合并算法

定义 4.17 如果形式背景 $K_1=(G_1, M, I_1)$ 和 $K_2=(G_2, M, I_2)$ 是同域背景,则形式背景 K_1 和 K_2 所对应的概念格 $L(K_1)$ 和 $L(K_2)$ 是同域概念格。

定义 4.18 在同域形式背景 K_1 和 K_2 中,若 $G_1\cap G_2=\phi$,则称 $L(K_1)$ 和 $L(K_2)$ 分别是外延独立的,简称独立的;若 $G_1\cap G_2\neq\phi$,对于任意 $g\in G_1\cap G_2$ 和任意 $m\in M$ 满足 $gI_1m\Leftrightarrow gI_2m$,则称 $L(K_1)$ 和 $L(K_2)$ 分别是一致的;若 $G_1\cap G_2\neq\phi$,对于某些 $g\in G_1\cap G_2$ 和某些 $m\in M$ 有 $gI_1m\not\Leftrightarrow gI_2m$,则称 $L(K_1)$ 和 $L(K_2)$ 分别是不一致的。

定义 4.19 如果 $K_i=(G_i, M, I_i)$ 是一系列同域一致的形式背景,$i=1, 2, \cdots, n$,则

$\sum_{i=1}^{n} K_i=\left(\bigcup_{i=1}^{n}G_i, M, \bigcup_{i=1}^{n}I_i\right)$ 称为一系列同域一致形式背景 K_i 的加运算。

如果 $i=1, 2$,那么就有:$K_1+K_2=(G_1\cup G_2, M, I_1\cup I_2)$

这样,多个同域一致子形式背景就可以通过形式背景的加运算(或称纵向合并)形成总的形式背景。反过来说,一个形式背景就可通过纵向的拆分形成多个子背景。

概念格间可以定义进行多种运算，如交运算、并运算、加运算和乘运算等。这里我们只讲述用于概念格分布处理的有关概念及特定的基本运算。

定义 4.20 对于 $K=(G, M, I)$中的形式概念 $C_i=(A_i, B_i)$、$C_j=(A_j, B_j)$ $(i\neq j)$，

(1) 如果 $B_i=B_j$，则称 $C_i=C_j$，即概念相等。

(2) 如果 $B_i\subset B_j$，则称 C_i内涵小于 C_j，也称 $C_i> C_j$，或称 $C_j< C_i$。

(3) 如果 $A_k=A_i\cup A_j$, $B_k=B_i\cap B_j$，则 $C_k=(A_k, B_k)=C_i+C_j$，即概念加运算。

有了上述的定义，就可以进行概念格的合并处理：

定义 4.21 如果 $L(K_1)$ 和 $L(K_2)$是两个同域且一致的概念格，则定义它们的并运算 $L(K_1)\cup L(K_2)$等于概念格 L，L 满足：

(1) 对于 $L(K_1)$中的某个概念 C_1 和 $L(K_2)$中的某个概念 C_2，令 $C_3=C_1+C_2$，如果在 $L(K_1)$中的所有大于 C_1 的概念中不存在等于或小于 C_3 的概念，且在 $L(K_2)$中的大于 C_2 的所有概念中不存在等于或小于 C_3 的概念，则 $C_3\in L$；

(2) 上述情况之外的概念不属于 L。

定理 4.4 如果 $L(K_1)$ 和 $L(K_2)$是同域且一致的概念格，则 $L(K_1)\cup L(K_2)=L(K_1+K_2)$。

证：略

和多概念格的横向合并时类似，在把 $L(K_1)$和 $L(K_2)$进行纵向合并的同时，要利用 $L(K_2)$中的概念间存在固有的泛化-特化关系，在把 $L(K_2)$中的概念一一插入到 $L(K_1)$的过程中利用概念间的关系，来降低算法的时间复杂度。也就是说在进行多概念格的纵向合并的过程中，也一定存在如下的定理。

定理 4.5 假定在原概念格 $L(K_2)$中的所有概念都以内涵势的升序插入到 $L(K_1)$中。如果 $L(K_1)$的概念 C_1 是对应 $L(K_2)$中的概念 C 的更新概念或新增概念，并且 $L(K_2)$中的概念 C'是在概念 C 之后插入 $L(K_1)$，则无需考虑概念 C'和概念 C_1 间的运算。

证：略

这时，就可以以 Godin 算法为基础，对它做适当的改进，来实现多概念的纵向合并算法。算法的伪码如下：

```
INPUT: L(K1) 和 L(K2)是两个同域一致的概念格
OUTPUT: L(K1)∪L(K2)
BEGIN
FOR  L(K2)中的每个概念，按其内涵势的升序   DO
    应用改进的 Godin 算法，插入到 L(K1)中
ENDFOR
更新后的 L(K1)就是 L(K1)∪L(K2)
END
```

```
Algorithm: 改进的 Godin 算法
Inout: 概念格 L(K)，一个概念 C=(A, B)
Output: 新的概念格 L(K)
BEGIN
把概念格 L(K)中的概念按其内涵的势分类，即 H[i]:={C: ||Intent(C)||=i};
size:=max(i)
根据其内涵的势，初始化所有的新增和更新概念，即 H'[i]:=Φ;
FOR k: =0 TO size DO
FOR each C in H[i] DO
IF 概念 C 具有新增和更新标志 THEN continue;
  IF intent(C)⊆B THEN
    BEGIN
      Extent(C):=Extent(C) ∪A
      把概念 C 加入 H'[||intent(C)||]
      置概念 C 的新增和更新标志有效
    IF intent(C)=B THEN exit algorithm ENDIF
    END
  ELSE
    int:=intent(C) ∩D
```

```
    IF 不存在 C1∈H'[||int||] 且 intent(C1) = Int THEN
    BEGIN
    产生新概念 Cn:=(extent(C)∪A, int)
    把概念 Cn 加入 B'[||int||]
      添加边 Cn→C
      修改相关的边,调整有关概念的链接关系
    置概念 C 的新增和更新标志有效
        END
    ENDIF
ENDFOR
ENDFOR
END
```

4.3 结论

由于概念格自身的完备性,构造概念格的时间复杂度一直是影响形式概念分析应用的主要因素。本章首先从形式背景的纵向、横向合并出发,定义了两种不同的形式背景和概念格;对不一致的同域背景的处理进行了描述;针对多概念格的横向合并,定义了内涵一致的形式背景、概念的横向加运算和概念格的横向并运算,并证明了横向合并的子形式背景的概念格和子背景所对应的子概念格的横向并是同构的。最后结合子概念格中概念间固有的泛化-特化关系,提出一种多概念格的横向合并算法来构造概念格。试验表明,该算法和直接用形式背景来构造概念格的算法相比,其时间复杂度会有显著改善。显然,该算法适用于对概念格进行分布并行构造。

第五章 最小项集集合与封闭项集格

5.1 有关项集的基本定义

设 $I=\{i_1, i_2, \cdots, i_m\}$ 为项目(item)的集合(简称项集),D 为事务数据库,是全体事务的集合,每个事务 T 包含 I 中的一个项集(Itemset),并且有唯一的关联标识符 TID 或 tid,如表 5.1 所示。

表 5.1 事务数据库样本

TID	items	TID	items
1	a, c, d	4	b, e
2	b, c, e	5	a, b, c, e
3	a, b, c, e	6	b, c, e

在整个事务数据库 D 中出现项集 X 的比例(频率)称为项集 X 的支持度,记为 sup(X)。项集 X 是频繁的是指其支持度达到用户设定的最小阈值 minsup,即 sup(X)≥minsup,也就是说,如果 X 项集的支持度不小于用户设定的最小支持度,则该项集 X 就是频繁项集。包含 K 个项目的项集称为 K-项集。如果频繁项集 X 包含 K 个项目,则 X 就是 K-频繁项集。

关联规则是从数据库中提取的知识的主要表现形式。从事务数据库中提取有效的关联规则的过程通常可以分解为两个步骤:

(1) 找出存在于事务数据库中的所有频繁项集(Frequent Itemset),即所有支持度不小于 minsup 的项集。

(2) 利用频繁项集生成关联规则。

由于有了频繁项集后，就可以方便的生成所需的关联规则，通常关联规则挖掘的研究主要是集中在第一个步骤-频繁项集(Frequent Itemset)的获取。对于表 5.1 的数据库来说，若 minsup=2/6，则所有的频繁项集如表 5.2 所示。表中的交易集 Tidset 中的 35 实际上表示{3, 5}，同样地，项集中的 abce 实际上表示{a, b, c, e}。

表 5.2　样本事务数据库所对应的频繁项集

Tidset	Frequent Itemsets
35	abce, abc, abe, ace, ab, ae
135	ac, a
2356	bce, bc, ce
12356	c
23456	be, b, e
123456	∅

对于表 5.1 所示的事务数据库 D 来说，若取 minsup=2/6，则其所有的频繁项集组成的格如图 5.1 所示。这时图 5.1 所示的实际上是表 5.1 中频繁项集的格的表现形式。在格中，其节点是由频繁项集

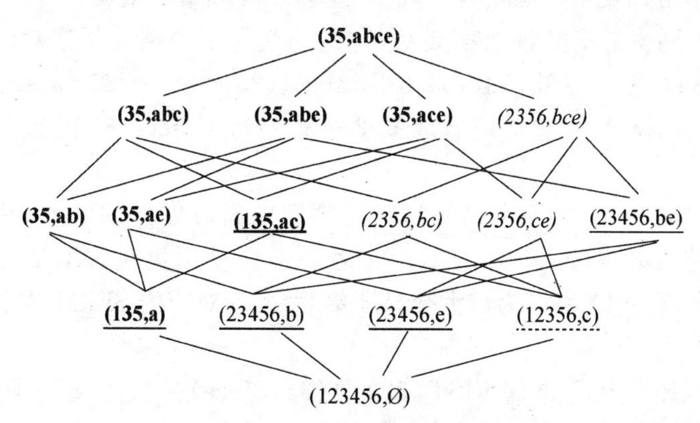

图 5.1　表 5.1 的所有频繁项集构成的格

和其对应的交易集组成。实际上，由频繁项集组成的格一定是交半格，而不一定是并半格。这是因为频繁项集的子集一定是频繁项集，而其超集就不一定是频繁的。

5.2 同交易集的频繁项集与封闭项集格

5.2.1 同交易集的频繁项集

从图5.1和表5.2中可看出，在频繁项集中，存在一些交易集相同的不同频繁项集。

定义5.1 设(X, Y)是频繁项集Y和其对应的交易集X构成的交易项集对。那么，事务数据库所对应的频繁项集中具有相同的交易集X的频繁项集的集合称为同交易集的频繁项集集合(the Set of Frequent Itemset with the Same Tidset)，记为SFIST。这时频繁项集Y和交易集X构成了同交易集的交易集——频繁项集对，简称为同交易集的频繁项集对(the Pair of Frequent Itemset with the Same Tidset，记为PFIST)，那么具有相同交易集X的所有同交易集的频繁项集对集合就可简记为SPFIST。

在图5.1中存在多个频繁项集对，不同的频繁项集对分别用不同的字体格式表示。如具有相同交易集35的频繁项集就有6个，即对应6个同交易集的频繁项集对，这些同交易集的频繁项集对的集合SPFIST(35)={(35, abce)、(35, abc)、(35, abe)、(35, ace)、(35, ab)、(35, ae)}。它对应着表5.2中第一行tidset=35的频繁项集集合。

定义5.2 在一个同交易集的频繁项集对集合SPFIST中有一个交易项集对(X, Y)；若不存在另一个交易项集对(X, Y′)，满足Y′⊃Y，则称(X, Y)为最大交易项集对，Y为对应的SFIST中的最大频繁项集；

例如在上述的SPFIST(35)中(35, abce)是最大交易项集对，abce是SFIST(35)中的最大频繁项集。

定理 5.1 若(X, Y)是一个同交易集的频繁项集对集合 SPFIST 中的最大交易项集对，那么它一定是唯一的。同理，若 Y 为一个同交易集的频繁项集 SFIST 中的最大频繁项集，那么它是唯一的。

证明： 假定在某个 SPFIST 中除(X, Y)外，同时还有另一个最大交易项集对(X, Y′)。设$(X, Y)=(X, Y_1Y_2\cdots Y_kY_{k+1}\cdots Y_m)$而$(X, Y')=(X, Y_1Y_2\cdots Y_kY'_{k+1}\cdots Y'_n)$，根据交易项集对的含义，在交易集 X 中存在项集 $Y_1Y_2\cdots Y_kY_{k+1}\cdots Y_m$ 和 $Y_1Y_2\cdots Y_kY'_{k+1}\cdots Y'_n$，那么在交易集 X 中一定存在项集 $Y_1Y_2\cdots Y_kY_{k+1}\cdots Y_mY'_{k+1}\cdots Y'_n\supset Y_1Y_2\cdots Y_kY_{k+1}\cdots Y_m$。这样就和(X, Y)是最大交易项集对相矛盾。得证。

这些同交易集的频繁项集不仅没有提供新的有用信息，还增加了格的复杂度，也不利于提取有用的规则。为此，引入频繁封闭项集，它不仅使用来提取规则的项集数量减少，而且还不丢失任何有用的信息。

5.2.2 封闭项集及其封闭项集格

事务数据库很容易表示为形如 D=(O, A, R)的三元组的形式背景，其中 O 对象集，对应于事务数据库中交易 TID 的集合；A 是属性，对应于事务数据库中的项集；$R\subseteq O\times A$ 是二值关系，$(o, a)\in R$ 表示对象 $o\in O$ 和属性 $a\in A$ 间存在关系，表示为 oRa。

在交易集的幂集和项集的幂集之间可定义如下映射关系：

$$f(X)=\{y\in A \mid \forall x\in X, xRy\},$$

$$g(Y)=\{x\in O \mid \forall y\in Y, xRy\}。$$

它们被称为 O 的幂集 P(O)和 A 的幂集 P(A)间的 Galois 连接。对于来自 $P(O)\times P(A)$的二元组(X, Y)来说，如果 $X=g(Y)$且 $Y=f(X)$，则交易项集对(X, Y)就形成了一个项集概念(Item Concept)。这里 $X=g(Y)$表示所有包含项集 Y 的交易集合；$Y=f(X)$表示在所有的交易 X 中共有的项集 Y。

定义 5.3 设 D=(O,A,R)是事务数据库所形成的形式背景，Y

是一个项集，Y∈A，那么当 $Y=f(g(Y))$ 时，则称该项集 Y 是封闭项集(Closed Itemset)。其支持度 $sup(Y)=|g(Y)|/|O|$。

定义 5.4 对于 D=(O,A,R)中的封闭项集 Y 来说，若其支持度不小于 minsup，则称 Y 为频繁封闭项集(Frequent Closed Itemset)，简记为 FCI。即：

$$FCI=\{Y\in A \mid Y=f(g(Y))\wedge |g(Y)|/|O|\geqslant minsup\}。$$

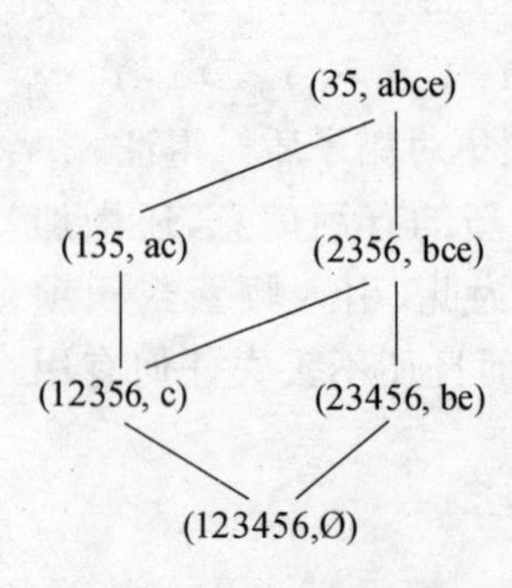

图 5.2 样本数据库的频繁封闭项集

这样每个频繁封闭项集 Y 和它所对应的交易集 $g(Y)$ 组成的交易项集对 $(g(Y), Y)$ 就是一个项集概念。形式背景中所有的 FCI 组成的交易项集对间的关系可用格的形式表示，就形成了频繁封闭项集格。例如，对于图 5.1 所示的事务数据库，取 minsup=2/6，其形成的频繁封闭项集格如图 5.2 所示。

定理 5.2 设 Y 为一个同交易集的频繁项集集合 SFIST 中的最大频繁项集，那么它一定是频繁封闭项集。反之亦然。

证明： 设(X, Y)是一个 SFIST 中的最大频繁项集 Y 所对应的项集概念，那么 $g(Y)=\{x\in O \mid \forall y\in Y, xRy\}$ 表示具有项集 Y 的所有交易的集合，即 $g(Y)=X$。而表示在所有交易集 X 中共有的项集，由于 Y 是交易集 X 所对应的最大频繁项集，那么一定有 $f(X)=Y$，所以 $f(g(Y))=Y$，即 Y 是封闭的。

反过来，一个频繁封闭项集也一定对应一个 SFIST 中的最大频繁项集，证略。

例如，在图 5.1 中的 SPFIST(35)中有两个交易项集对(35, abce)、(35, abc)，虽然 $g(abc)=g(abce)=35$，但 $f(35)=abce\neq abc$，所以(35, abc)不是封闭的，而(35, abce)是封闭的。

对照图 5.1 和图 5.2 可以看出，频繁封闭项集的数目比频繁项集的数目要小得多。由定理 5.1 和定理 5.2 可知，一个同交易集的频繁项集对集合 SPFIST 就对应一个频繁封闭项集，且该频繁封闭项集是 SPFIST 所对应的同交易集的频繁项集 SFIST 中的最大频繁项集。也就是说，频繁封闭项集格中的一个节点（概念）就对应同交易集的频繁项集 SFIST 中的最大频繁项集。

5.3 最小项集集合及其计算

5.3.1 最小项集集合

我们知道，规则提取的前提是频繁项集的获取。形式背景（交易数据库）中的所有频繁项集，按照是否具有相同的交易集可分为许多的同交易频繁项集 SFIST。而其中的最大频繁项集存在于形式背景所对应的频繁封闭项集格中。由于频繁项集的子集一定是频繁的，所以用频繁封闭项集不会丢失任何有用的信息。但在一个同交易的频繁项集 SFIST 中，除了知道其中的最大项集外，若能知道其中的最小项集，那么就可以知道从每个 SFIST 中提取规则的范围，即它们都包含于最小项集和最大项集之间的规则中。

定义 5.5 在一个同交易的频繁项集集合 SFIST 中有一个频繁项集 Y，若不存在另一个频繁项集 Y'，满足 $Y'\subset Y$，则称 Y 为该 SFIST 中的最小项集。对一个 SFIST 来说，所有最小项集构成的集合，简称为最小项集集合（the Set of the Least ITemsets），简记为 SLIT。

而每个同交易的频繁项集集合 SFIST 中最大的项集对应频繁封闭项集格中的一个节点（项集概念）。

例如在上述的 SPFIST(35)中 (35, ab)、(35, ae)为两个最小交易项集对，ab 和 ae 为 SFIST(35)中的最小项集，即 SLIT={ab, ae}。它所在的 SFIST(35)中的最大项集为 abce，对应于频繁封闭项集格中的节点(35, abce)。

5.3.2 最小项集集合的计算

通过比较，可以发现频繁封闭项集格和前面章节中的概念格是一致的,交易项集对(X, Y)形成的一个项集概念(Item Concept),就是概念格中的概念。

如果能直接从频繁封闭项集格节点的最大项集(项集概念的内涵)中直接计算出对应的同交易的频繁项集集合 SFIST 中的最小项集集合,那么将极大地降低计算频繁项集的空间复杂度,同时不丢失任何信息。

为了下面计算最小项集集合,和概念格中的有关定义一样,也可定义频繁封闭项集格中的直接父节点和直接子节点。

定义 5.6 若项集概念 $C_1=(X_1, Y_1)$、$C_2=(X_2, Y_2)$,满足 $Y_2 \subseteq Y_1$,则称(X_1, Y_1)为子概念,(X_2, Y_2)为父概念,记为:$(X_1, Y_1) \leqslant (X_2, Y_2)$。若不存在 $C_3=(X_3, Y_3)$,满足$(X_1, Y_1) < (X_3, Y_3) < (X_2, Y_2)$,则$(X_1, Y_1)$为直接子概念,$(X_2, Y_2)$为直接父概念。

若项集概念 C=(X, Y),那么项集 Y 称为概念节点的内涵,记为 Y=Itemset(C);其直接父节点存在,记为 Dirt_parent(C);节点 C 的直接父节点数目 Dp_count(C)。对于直接父节点不存在的特殊节点,作为特例在后面特殊处理。

1. 采用幂集方案计算最小项集集合

定理 5.3 设 C 为频繁封闭项集格中的一个频繁节点,SPFIST(C)表示节点 C 所对应的同交易频繁项集对。那么,节点 C 所对应的 SPFIST(C)中的其他交易项集对 C1 满足 $\text{Itemset}(C_1) \subset \text{Itemset}(C)$ 且 $\text{Itemset}(C_1) \not\subset \text{Itemset}(\text{Dirt\_parent}(C))$。

证明: 因为节点 C 是频繁封闭的,所以它是 SPFIST(C)中的最大交易项集对,那么,其他交易项集对 C_1 一定满足 $\text{itemset}(C_1) \subset \text{itemset}(C)$。若 SPFIST(C)中的某个交易项集对 C'_1满足 $\text{itemset}(C'_1) \subset \text{itemset}(\text{Dirt\_parent}(C))$,那么 C'_1一定是 Dirt_parent(C)的父节点,即 C'_1在 Dirt_parent(C)或其父所在的 SPFIST 集合中,这就和 $C'_1 \in \text{SPFIST}(C)$的假设相矛盾。

这个定理为我们提供了获取 SLIT 的方法:由频繁封闭项集格中的频繁节点 C 获取其所在的 SFIST 最小项集的方法是寻找不属于

itemset(Dirt_ parent (C))的项集的最小子集。

一种直观的方案是从节点 C 的项集 Itemset(C)的幂集 P(Itemset(C))中的最小子集开始寻找不属于节点 C 的直接父节点的项集 Itemset(Dirt_parent(C))的项集。这种方案简称为幂集方案。

定理 5.4 设 C 为频繁封闭项集格中的一个节点，$Y=\text{Itemset}(C)$，$C_1, C_2, \cdots, C_n$ 是 C 的直接父节点，其对应的项集为 $Y_1, Y_2, \cdots, Y_n$。若 $Y'\subseteq Y$ 且 $Y'\subsetneqq Yk$，$k=1,2,\cdots,n$，那么 $g(Y')=g(Y)$，即 Y′和 Y 属于同一个同交易的频繁项集 SFIST。

证明：因为 $Y'\subseteq Y$，所以有 $g(Y')\supseteq g(Y)$。如果 $g(Y')\neq g(Y)$，那么就有 $g(Y')\supset g(Y)$。

(1) 若 $f(g(Y'))=Y'$，那么 $(g(Y'), Y')$ 一定形成一个项集概念。由于 $g(Y')\supset g(Y)$，那么 $(g(Y'), Y')$ 一定概念 C 的一个父节点，也一定存在一个节点 C 的直接父节点 C_k，使得 $Y'\subseteq Y_k$。这和已知条件矛盾。

(2) 若 $f(g(Y'))\neq Y'$，那么 $Y'\subset f(g(Y'))$。这样 $(g(Y'), f(g(Y')))$ 也一定形成一个项集概念。由于 $g(Y')\supset g(Y)$，那么 $f(g(Y')\subset Y$。所以一定存在一个节点 C 的直接父节点 C_k，使得 $f(g(Y'))\subseteq Y_k$。由于 $Y'\subset f(g(Y'))$，所以 $Y'\subseteq Y_k$。这和已知条件矛盾。

所以，若 $Y'\subseteq Y$ 且 $Y'\nsubseteq Yk$，那么 $g(Y')=g(Y)$，即 Y′和 Y 属于同一个同交易的频繁项集 SFIST。得证。

定理 5.5 设 C 为频繁封闭项集格中的一个节点，$C_1, C_2, \cdots, C_n$ 是 C 的直接父节点，其对应的项集为 $Y_1, Y_2, \cdots, Y_n$，SLIT(C)表示节点 C 对应的 SFIST 中的最小项集集合。若 $Y\in \text{SLIT}(C)$，那么 $|Y|\leqslant n$，即 $|Y|\leqslant \text{Dp\_count}(C)$。

证明：设 Y′是 SLIT 中的一个最小项集，且 $|Y'|>n$。由于 $Y'\in \text{SLIT}(C)$，那么 $Y'-Y_k\neq\Phi$，这样，存在 $i_k\in Y'-Y_k$，$k=1, 2, \cdots, n$。根据定理 5.4，有 $i_1 i_2 \cdots i_k \cdots i_n \in \text{SLIT}(C)$。由于 $|i_1, i_2, \cdots, i_k, \cdots i_n|\leqslant n$，而 $|Y'|>n$，那么 $i_1 i_2\cdots i_k\cdots i_n\subset Y'$，所以 Y′

不是最小项集,即$Y' \notin SLIT(C)$。这和假设矛盾。得证。

这个定理说明该最小项集的势最多等于节点 C 的直接孩子的数目,把它作为结束条件可显著减少计算最小项集集合的时间。

例如在图 5.2 中,节点 C=(35, abce)的项集为 abce,其非空幂集 P(Itemset(C))=P(abce)={a, b, c, e, ab, ac, ae, bc, be, ce, …},但它只有两个直接父节点,Dp_count(C)=2,所以只要考虑幂集中势不大于 2 的子集。a, b, c, e, ac, bc, be, ce 都是 Dirt_parent(C)的节点(135, ac)或(2356, bce)项集的子集,而 ab、ae 都不是 ac 和 bce 的子集,所以节点 C 的 SLIT={ab,ae}。

对于格中没有直接父节点的特殊节点,它一定是格中的“1”元节点。在格中,“1”元节点(X, Y)只有两种情形:

(1)“1”元节点(X, Y)中的项集 Y=Φ;

(2)“1”元节点(X, Y)中的项集 Y≠Φ。

但它们有一个共同的特点,就是“1”元节点(X, Y)中的交易集合为全部交易的 TID 的集合,即|X|=|O|。这时的“1”元节点通常表示为(ALL, Y)。

对于“1”元节点(X, Y)中的项集 Y=Φ 的情况,其项集的非空幂集为空,无需考虑;对于项集 Y≠Φ 的情况,其项集的非空幂集中的1_项集的集合,就定义为其节点所对应的最小集合 SLIT。

下面给出采用幂集方案计算最小项集集合 SLIT 的过程的伪码:

```
PROCEDURE SLIT_powerset(获取节点 C 的 SFIST 的最小交易项集集合 SLIT)
SLIT = Φ
FOR 每个非空的 Ck∈P(Itemset(C)),按|P(Itemset(C))|的升序 DO
  IF |节点 C 的交易集合| = |O|且 Itemset(C)≠Φ THEN
  IF |Ck| = 1 THEN   SLIT = SLIT∪{Ck}   ENDIF
    exit FOR
  ENDIF
  IF |Ck|>节点 C 的直接父节点数目 Dp_count(C) THEN exit FOR ENDIF
    FOR 每个 Cp∈Dirt_parent(C)   DO
```

```
    Flg1 = true
      IF Ck⊂itemset(Cp) THEN  flg1 = false; 退出 FOR 循环 ENDIF
      ENDFOR
    IF Flg1 且在 SLIT 中不存在项集 Ck′,有 Ck′⊂Ck THEN
    SLIT = SLIT∪{Ck}
    ENDIF
ENDFOR
RETURN SLIT
```

2. 采用差集方案计算最小项集集合

从上述的幂集方案计算最小项集集合的方案中，很容易得到计算最小项集集合的另一个方法。

由频繁封闭项集格中的频繁节点 C 获取其所在的同交易频繁项集集合 SFIST 中的最小项集集合 SLIT 的方法是寻找不属于 itemset(Dirt_parent(C))的项集的最小子集。而寻找不属于节点 C 的直接父节点的项集的子集一定是由节点 C 和其各个直接父节点 Dirt_parent(C)的项集的差集生成的。而由各差集生成的最小项集就是节点 C 所在的同交易频繁项集对集合 SFIST 中的最小项集。这种方案简称为差集方案。

在计算最小项集集合 SLIT 时，各个直接父节点是依次处理的，也就是说依次处理节点 C 和各个直接父节点的差集，来达到计算节点 C 所对应的同交易频繁项集集合 SFIST 中的最小项集集合 SLIT。设项集 Sk 是节点 C 的 SLIT 中的一个项集，当有一个新的差集 Diff 处理时，Elem 是 Diff 中的一个元素。如果 Combn＝Sk∪Elem，然后检查在 SLIT 中是否存在 Combn 的子集。若不存在，Combn 就是一个新的最小项集，加入到 SLIT 中。

定理 5.6 设 Sk 是节点 C 的 SLIT 中的一个项集，Diff 是节点 C 和一个新的父节点 Cp∈Dirt_parent(C)。那么，如果 $Sk \cap Diff \neq \Phi$，则 Sk 保持不变。

证明：如果 $Elem_1 = Sk \cap Diff \neq \Phi$，$|Elem_1| = 1$，那么 $Combn_1 =$

$S_k \cup Elem_1 = S_k$；设其他元素 $Elem_2 \in Diff$，$Combn_2 = S_k \cup Elem_2 \supset Combn_1 = S_k$，即 $Combn_1 = S_k$ 是加入新父节点 Cp 后的最小项集。同理可证明当$|Pk \cap Diff| > 1$,Pk 仍是最小项集。

定理 5.6 将极大地减少计算 SLIT 时的时间开销。

例如,在图 5.2 中,节点（35，abce）有两个直接父节点（135，ac)、(2356，bce),其差集分别为 are be=abce\ac 和 a=abce\bce。当差集 be 处理时,集合 SLIT={b，e},当差集 a 处理时，集合 SLIT={ab,ae}。

同样的,对于格中没有直接父节点的特殊“1”元节点也应该作特殊处理。这时,对于“1”元节点(X，Y)中的项集 Y=Φ 的情况,不作处理;而对于项集 Y≠Φ 的情况,就可以人为添加其虚拟的直接父节点为(ALL,Φ),这样对应的差集 Diff=Y,然后按照正常情形进行处理即可。

下面给出采用差集方案计算最小项集集合 SLIT 的过程的伪码：

```
PROCEDURE SLIT_different(获取节点 C 的 SFIST 的最小交易项集集合 SLIT)
SLIT = Φ
IF |节点 C 的交易集合| = |O|且 Itemset(C)≠Φ THEN
  Dirt_parent(C) = (all, Φ)
ENDIF
FOR 每个直接父节点 Ck∈Dirt_parent(C) DO
  Diff = Itemset(C)\ Itemset(Ck)
  SLIT_new = Φ
  SLIT_keep = Φ
    FOR 每个项集 Sk∈SLIT DO
    IF Sk∩Diff≠Φ THEN
    SLIT_keep = SLIT_keep∪{Sk} ENDIF
    ENDFOR
    SLIT_updt = SLIT \ SLIT_keep
    FOR 每个元素 Elem∈Diff DO
      FOR 每个项集 Sk∈SLIT_updt DO
```

```
        Combn = Sk∪Elem
        IF 不存在 Sk′ ∈ SLIT_keep 且 Sk′⊂Combn THEN
        SLIT_new = SLIT_new∪{Combn} ENDIF
      ENDFOR
    ENDFOR
    SLIT = SLIT_new∪SLIT_keep
ENDFOR
RETURN SLIT
```

5.4 结论

频繁封闭项集格中的一个节点(概念)对应一个同交易集的频繁项集集合。节点中的项集是一个频繁封闭项集,且该封闭项集是所对应的同交易集的频繁项集中的最大频繁项集。一个同交易的频繁项集集合中,除了知道其中的最大项集外,若能知道其中的最小项集,那么就可以知道从每个同交易的频繁项集集合中提取规则的范围,即它们都包含于最小项集和最大项集之间的规则中。本章对从频繁封闭项集格中计算节点所对应的同交易集的频繁项集集合中的最小项集进行了详细的描述,为从频繁封闭项集格中直接提取最小无冗余规则作了准备。

第六章　概念格与关联规则发现

6.1　关联规则提取的基本概念

数据挖掘[13]是随着 KDD(Knowledge Discovery in Datadase)的研究而发展起来的，是一种从大型数据库中发现和提取掩藏在其中的信息的一种新技术。数据挖掘在于自动从数据中提取出人们感兴趣的潜在的可用信息和知识，并将提取出来的信息和知识表示成概念、规则和模式。

关联规则[12,52]是从数据库中提取的知识的主要表现形式，也是数据挖掘研究的核心内容之一。它是形如 X⇒Y 的表达式，其中 X 和 Y 是特征集合，也就是事务数据库(交易数据库)中的项集。其直观含义是：数据库中具有特征 X 的对象可能也具备特征 Y。

关联规则中存在两个非常重要的度量：支持度(support)和置信度(confidence)。对于一个规则 R：X⇒Y，支持度是概率 $P(X\cup Y)$，即在事务数据库中同时包含 X 和 Y 的事务的概率；置信度是条件概率 $P(Y|X)$，即在事务数据库中出现包含 X 事务也包含 Y 事务的概率。

更形式化地，规则 X⇒Y 的支持度和置信度可定义为：

$\mathrm{Support}(X\Rightarrow Y)=P(X\cup Y)=\mathrm{sup}(X\cup Y)$；

$\mathrm{Confidence}(X\Rightarrow Y)=P(Y|X)=\mathrm{sup}(X\cup Y)/\mathrm{sup}(X)$。

例如在表 5.1 的数据库中，规则 b⇒ce 的支持度和置信度分别为 5/6 和 4/5。

关联规则根据置信度的不同分为精确关联规则和近似关联规

则。精确关联规则也称蕴涵规则，其置信度为100%；近似关联规则置信度小于100%。

从事务数据库中提取有效的关联规则就是提取满足用户设定的最小支持度(minsup)和最小置信度(minconf)的规则，其提取过程通常可以分解为两个步骤：

(1) 找出存在于事务数据库中的所有频繁项集(Frequent Itemset)。

(2) 利用频繁项集生成关联规则，并且规则的置信度不小于minconf。对于频繁项集X来说，若 $Y \subset X, Y \neq \Phi$ 且 $sup(X)/sup(Y) \geq minconf$，则有关联规则 $Y \Rightarrow X-Y$。

通常关联规则挖掘的研究主要是集中在第一个步骤-频繁项集(Frequent Itemset)的获取，自从Agrawal等人[12]首先提出Apriori算法以来，针对Apriori算法，出现了各种提取频繁项集的改进算法[92-95]。

一个事务数据库中频繁项集的数量往往很庞大，从频繁项集中提取的规则就会很多，且存在大量的冗余。为了减少频繁项集的数目同时也不丢失有用信息，现在提出了用频繁封闭项集来提取关联规则。

从事务数据库中提取频繁封闭项集的方法有CLOSE[14]、CHARM[15]、CLOSET[16]等多种。其中CLOSE是一个类Apriori算法，需多次扫描原事务数据库，且需产生候选项集。CHARM算法也需多次扫描原事务数据库并需产生候选项集。但数据库增加事务时，它们都需重新处理已产生频繁封闭项集。CLOSET虽只对数据库扫描一次，也无需产生候选集，但它也不适应数据库更新的要求。

而Petko Valtchev等在文[53,54]中提出了只需扫描一次数据库、无需产生候选项集的渐进式产生封闭项集方案，当数据库更新时只需对原产生的封闭项集进行相应的更新即可。它利用了概念格的渐进式更新方法，适用于处理动态数据库。

6.2 基于概念格的关联规则发现

在挖掘规则知识过程中,规则本身是用内涵(特征、属性)集之间的关系来描述的,而体现于相应外延(对象)集之间的包含关系。概念格节点正好反映了概念内涵和外延的统一,节点间关系体现了概念之间的泛化和例化关系,另外由于概念格中概念对象和属性间固有的封闭性,它也很适合于表示封闭项集间的关系。因此概念格非常适合作为规则发现的基础性数据结构。研究表明,基于概念格的关联规则提取算法与传统的算法相比也具有相当的优点[17-19]。

由于概念格结构的特点,它很适合应用于关联规则的提取。用概念格来表示频繁封闭项集间的关系就构成了频繁封闭项集格。

利用概念格来提取关联规则通常分为三个步骤:① 从数据库中,构造所对应的概念格(频繁封闭项集格);② 从格中提取有关的关联规则;③ 去除存在的冗余规则。也就是说在提取的大量规则中存在许多冗余规则,他们不仅费时,而且还会妨碍用户感兴趣规则的发现。

最小的无冗余关联规则就是具有最小前件、最大后件的无冗余关联规则,其他关联规则可由该集合推出。Yves Bastide 等在文[21]提出一种最小无冗余关联规则的定义和提取方法,但它仍是利用CLOSE 算法来提取频繁封闭项集的。

本节重点针对 Yves Bastide 的最小无冗余关联规则,吸取[53,54]中的渐进式方案,对封闭项集格节点作了适当的修改,形成量化封闭项集格,并给出一种直接从封闭项集格中提取最小无冗余关联规则的新方法。

6.2.1 同交易集的频繁项集与最小无冗余规则

从第五章可以知道,在事务数据库的所有频繁项集中存在许多具有相同交易集的频繁项集,这些频繁项集称为同交易集的频繁项集 SFIST。在一个同交易集的频繁项集 SFIST 中一定唯一存在一个最大的频繁项集。所有的频繁封闭项集和其对应的交易集对就构成了频繁封闭项集格,格中的一个节点(概念)就对应同交易集的频繁项集 SFIST 中的最大频繁项集。

关联规则根据置信度的不同分为精确关联规则和近似关联规则。精确关联规则(Exact association Rule,简记为 ER)也称蕴涵规则,其置信度为 100%;近似关联规则(Approximate association Rule,简记为 AR)置信度小于 100%。

定义 6.1 设 $I=\{i_1, i_2, \cdots, i_m\}$ 为事务数据库 D 中所有项目(item)的集合。X,Y 是两个频繁项集,X, Y$\subseteq$I,它们的支持度分别为 sup(X), sup(Y),那么精确关联规则和近似关联规则分别定义为:

$ER=\{Y\Rightarrow X-Y \mid Y\subset X,\ Y\neq\Phi \wedge sup(X)=sup(Y)\}$;

$AR=\{Y\Rightarrow X-Y \mid Y\subset X,\ Y\neq\Phi \wedge sup(X)\neq sup(Y) \wedge sup(X)/sup(Y)\geqslant minconf\}$。

从频繁项集中提取的规则有一些具有相同的支持度和置信度,它们并没有向用户提供新的有用信息,也就是说在提取的规则中存在很多冗余关联规则。例如下列的一组有效的规则具有相同的支持度和置信度:ab⇒cde,ab⇒c,ab⇒d,abc⇒d,abcd⇒e,abde⇒c,但实际上和第 1 个规则相比,其他 5 个规则并没有提供新的信息,即它们是第一个规则的冗余关联规则。第一个规则是具有规则前件最小、后件最大特征的规则。

定义 6.2[21] 对于关联规则 R: X⇒Y,如果不存在关联规则 R′: X′⇒Y′,满足 sup(R)=sup(R′)、conf(R)=conf(R′),且 $X'\subseteq X$,$Y\subseteq Y'$,那么 X⇒Y 为最小无冗余的关联规则。

设事务数据库 D 表示为形式背景 D=(O,A,R),在其对应的频繁封闭项集格中,项集 X 的支持度 $sup(X)=|g(X)|/|O|$;

对于一个关联规则 X⇒Y,其支持度 $support(X\Rightarrow Y)=sup(X\cup Y)=|g(X\cup Y)|/|O|$;置信度 $Confidence(X\Rightarrow Y)=sup(X\cup Y)/$

$sup(X)=|g(X\cup Y)|/|g(X)|=|g(X)\cap g(Y)|/|g(X)|$。

定理6.1 对于频繁封闭项集格的概念节点 $C=(g(Y), Y)$,若取X为Y所对应的SFIST中的最小项集,则由项集X、Y导出的规则 $X\Rightarrow Y-X$ 一定是一个最小无冗余精确规则。

证明: 因为Y是对应的频繁封闭项集格的概念的内涵,所以它一定是它所在的同交易集的频繁项集SFIST中的最大项集,所以 $\nexists Y', Y\subseteq Y'$。X同属于该SFIST,所以 $sup(X)=sup(Y)$。再由于 $X\in SLIT(Y)$,所以 $\nexists X', X\subseteq X'$。所以由项集X、Y导出的规则 $X\Rightarrow Y-X$ 的 $Confidence(X\Rightarrow Y-X)=|g(X\cup(Y-X))|/|g(X)|=|g(Y)|/|g(X)|=100\%$,即规则 $X\Rightarrow Y-X$ 是一个最小无冗余精确规则。

定理6.2 对于频繁封闭项集格的概念节点 $C=(g(Y), Y)$,若取X为Y所对应的SFIST中的最小项集,若节点C的直接子节点为 $C'=(g(Y'), Y')$,那么由项集X、Y' 导出的规则 $X\Rightarrow Y'-X$ 一定是一个最小无冗余近似规则。

证明: 因为Y是对应的频繁封闭项集格的概念的内涵,所以它一定是它所在的同交易集的频繁项集SFIST,X同属于该SFIST且 $X\in SLIT(Y)$,所以 $sup(X)=sup(Y)$,并且 $\nexists X', X\subseteq X'$。$C'=(g(Y'), Y')$ 为节点C的直接子节点,$|g(Y')|<|g(Y)|$,且 Y' 一定是它所在的同交易集的频繁项集SFIST的最大项集。所以由项集X、Y' 导出的规则 $X\Rightarrow Y'-X$ 的 $Confidence(X\Rightarrow Y'-X)=|g(X\cup(Y'-X))|/|g(X)|=|g(Y')|/|g(Y)|<100\%$,即规则 $X\Rightarrow Y-X$ 是一个最小无冗余近似规则。

从定理6.1和6.2可知,对于频繁封闭项集格的概念节点 $C=(g(Y), Y)$,若取X为Y所对应的SFIST中的最小项集,由于X、Y具有相同的支持度,则由项集X、Y导出的规则 $X\Rightarrow Y-X$ 一定是一个最小无冗余精确规则[28];若节点C的直接子节点为 $C'=(g(Y'), Y')$,那么由项集X、Y' 导出的规则 $X\Rightarrow Y'-X$ 一定是一个最小无冗余近似规则[29]。

6.2.2 量化封闭项集格及其构造

采用渐进式产生封闭项集，当数据库更新时只需对原产生的封闭项集进行相应的更新即可。封闭项集间的关系通过格的形式进行组织。由于封闭项集是渐进生成的，原来不是频繁的项集可能随着事务的渐增而变为频繁的，而原来是频繁的项集也可能变为不频繁的。这里，采用渐进式方式生成封闭项集格，并且为了后续提取规则的需要，对格结构作了适当的修改。由于提取规则时主要考虑的是项集（属性集），而其对应的交易集（对象集）主要用于计算支持度和置信度，对具体的对象往往并不重要。为此，把格节点 C=(X, Y)中项集 Y 对应的交易集 X 用交易数目|X|来表示。格节点的数据结构包含下列数据：项集 *Itemset*、项集所对应的交易的数目 *Tid_count*、节点所有的直接父概念 *Dirt_parent* 及其个数 *Dp_count*、直接子概念 *Dirt_child* 和其个数 *Dc_count*，所形成的封闭项集格就可称为量化封闭项集格（Quantitative Closed Itemset Lattice），记为 QCIL，其构造算法可以采用类 Godin 算法，只需作一定的修改。采用渐进方式构造量化封闭项集格 QCIL 的伪码如下：

```
Algorithm: 量化封闭项集格 QCIL 的渐进式构造
INPUT: 一个 QCIL L, 一个新的交易 Tn
OUTPUT: 更新后的格 L′
BEGIN
CIn = Φ
In = Itemset(Tn)
FOR 格 L 中的每个节点 C,以|Itemset(C)|的升序 DO
  Ic = Itemset(C)
  IF Ic⊆In THEN
    Tid_count(C) = Tid_count(C) + 1
    把 C 加入到 CIn
    IF Ic = In THEN exit FOR ENDIF
  ELSE
```

```
Y = Ic∩In
IF 在 CIn 不存在 Ck 且满足 Itemset(Ck) = Y THEN
  产生新节点 N,且 Itemset(N) = Y
  Tid_count(N) = Tid_count(C) + 1
  把 N 加入到 CIn
  把 C 加入 Dirt_child (N)
  把 N 加入 Dirt_parent (C)
  Dc_count(N) = Dc_count(N) + 1
  Dp_count(C) = Dp_count(C) + 1
    FOR 每个节点 Ca∈CIn DO
      IF Ca 是节点 N 的一个直接父节点 THEN
        IF Ca∈Dirt_parent (C) THEN
        把 Ca 从 Dirt_parent (C)删除
        把 C 从 Dirt_child (Ca)删除
        Dp_count(C) = Dp_count(C) - 1
        Dc_count(Ca) = Dc_count(Ca) - 1
        ENDIF
        把 Ca 加入 Dirt_parent (N)
        把 N 加入 Dirt_child (Ca)
        Dp_count(N) = Dp_count(N) + 1
        Dc_count(Ca) = Dc_count(Ca) + 1
      ENDIF
    ENDFOR
  ENDIF
 ENDIF
ENDFOR
END
```

6.2.3 最小无冗余关联规则的提取

量化封闭项集格 QCIL 构造好后,要从 QCIL 中提取最小无冗余关联规则的前提和关键就是直接根据格节点(g(Y), Y)中的项集 Y

直接计算它所对应的利用最小封闭项集集合提取关联规则最小项集的集合(the Set of the Least ITemsets),简记为 SLIT。从第五章的 5.3 节知道,最小项集的集合 SLIT 的计算可以采用幂集方法和差集方法。

从定义 6.1 和量化封闭项集格 QCIL 的结构可以得到,在格节点 C 和其直接子节点 *Dirt_child*(C)之间一定存在着近似关联规则。设 Y 是节点 C 所对应的同交易集的频繁项集 SFIST 中的一个项集,即 Y∈SFIST(C);若节点 C 的直接子节点 *Dirt_child*(C)存在,且 X 是某个 *Dirt_child*(C)节点的内涵,即 X=*Itemset*(*Dirt_child*(C)),那么规则 Y⇒X−Y 一定是近似关联规则,且其置信度为 *Tid_count*(*Dirt_child*(C))/*Tid_count*(C)。如果 X,Y 分别是节点 C 所对应的同交易集的频繁项集 SFIST 中的一个项集,且 Y⊂X,Y≠Φ,那么 Y⇒X−Y 一定是一个置信度为 100%的精确关联规则。

由于每个节点都对应一个同交易集的频繁项集 SFIST,所以在节点的 SFIST 中的项集间以及在节点和其直接子节点之间提取的规则具有相同的支持度和置信度,它们并没有向用户提供新的有用信息,也就是说存在很多冗余关联规则。因此,对于一个节点所对应的同交易集的频繁项集 SFIST 来说,提取具有最小前件、最大后件的关联规则就足够了,这些规则就是满足定义 6.2 的最小无冗余关联规则。

根据定理 6.1 和定理 6.2,明显的有:对于 QCIL 中的某个节点频繁 C,如果 *Itemset*(C)≠Φ,并设 Y 是节点 C 所对应的同交易集的频繁项集 SFIST 中的一个最小项集,即 Y∈SLIT(C)。若节点 C 的直接子节点 *Dirt_child*(C)存在,且其支持度 sup(*Dirt_child*(C))≥*minsup*,X 是该 *Dirt_child*(C)节点的内涵,即 X=*Itemset*(*Dirt_child*(C)),那么规则 Y⇒X−Y 一定是最小无冗余的近似关联规则。条件 *Itemset*(C)≠Φ 是保证提取的规则为非空的前件。例如,图 5.2 的节点 C=(2356,bce),其对应的 SFIST(C)中存在两个最小的项集 bc、ce,节点 (35, abce) 是其直接子节点,因此,就有两个最小的无冗余的近似规则 bc⇒ae，ce⇒ab。

对于QCIL中的某个频繁节点C，如果$|Itemset(C)|\geqslant 2$，并设Y是节点C所对应的同交易集的频繁项集SFIST中的一个最小项集，即$Y\in SLIT(C)$，且X是该SFIST中的最大项集，即$X=Itemset(C)$。那么$Y\Rightarrow X-Y$一定是最小无冗余的精确关联规则。条件$|Itemset(C)|\geqslant 2$是保证提取精确规则的后件不为空。例如，图5.2的节点C=(35，abce)，其对应的SFIST(C)中存在两个最小的项集ab、ae，abce是该SFIST中的最大项集，那么就有两个最小的无冗余的精确规则ab⇒ce，ae⇒bc。

```
Algorithm：提取最小无冗余的关联规则
INPUT：量化封闭项集格 L,最小支持度和最小置信度 minsup, minconf
OUTPUT：最小无冗余的近似规则集 (MAR)和最小无冗余的精确规则集 (MER)
BEGIN
MAR = Φ, MER = Φ
FOR 格 L 中的每个节点 C,以|Itemset(C)|的升序 DO
  IF |Itemset(C)|≠Φ and sup = Tid_count(C) /|O|≥minsup THEN
  计算节点 C 所对应的最小项集 SLIT
  IF |itemset(C)|≥2 THEN
      FOR 每个项集 Pk∈SLIT DO
      MER = MER∪{Pk⇒Itemset (C)\ Pk,sup}
      ENDFOR
  ENDIF
  FOR 每个 Cc∈Dirt_child(C) DO
  conf = Tid_count(Cc) /Tid_count(C)
  IF Tid_count(Cc) /|O|≥minsup 和 conf≥minconf   THEN
      FOR 每个项集 Pk∈SLIT DO
      MAR = MAR∪{Pk⇒Itemset (Cp)\ Pk,sup,conf}
      ENDFOR
  ENDIF
  ENDFOR
```

```
 ENDIF
ENDFOR
END
```

把上述的提取最小无冗余关联规则的算法，应用于表5.1的事务数据库，所得到的最小无冗余关联规则如表6.1所示，和文[21]中的结果相比较，发现两种方法的结果是一致的。这说明了本节所述的方法是正确的。

表6.1 样本数据库表5.1中所提取的最小无冗余关联规则

MER	support	MAR	support	confidence
a⇒c	3/6	a⇒bce	2/6	2/3
b⇒e	5/6	b⇒ce	4/6	4/5
e⇒b	5/6	c⇒a	3/6	3/5
ab⇒ce	2/6	c⇒be	4/6	4/5
ae⇒bc	2/6	e⇒bc	4/6	4/5
bc⇒e	4/6	bc⇒ae	2/6	2/4
ce⇒b	4/6	ce⇒ab	2/6	2/4

为了验证本节所述方法的有效性，对随机产生的数据库采用上述的算法提取最小无冗余关联规则，其中的SLIT的计算采用幂集方案，所以算法就用SLIT_PWR表示。同时也实现了文[21]中的基于CLOSE算法的最小无冗余关联规则提取算法，用CLOSE表示。实验中的5个事务数据库的属性固定为20，关系比例为30%；最小支持度minsup=2/6，最小置信度minconf=1/2。两种方法的比较结果如图6.1所示。

因此，可以得到如下结论：封闭项集是项集的子集，频繁封闭项集又是封闭项集的子集，它比频繁项集的数目要小得多，同时也不丢失任何有用的信息。利用频繁封闭项集提取规则，将减少搜索空间，对降低提取规则算法的时空复杂度是有好处的。本节提出了采用渐进方式提取封闭项集，并用格的组织形式表示项集之间的关系形成量化封闭项集格。并利用量化封闭项集格节点所在的同交易集的频

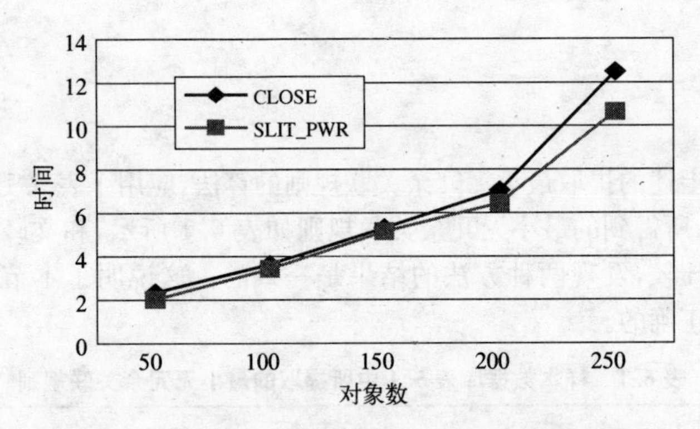

图 6.1　两种方法提取最小无冗余关联规则的比较

繁项集中的最小项集 SLIT,从量化封闭项集格中的每个频繁节点直接提取具有最小前件最大后件的最小无冗余规则。首先采用渐进方式提取频繁封闭项集非常适合于数据需经常更新的情形,并且只需扫描一次数据库。当数据库添加更新时无需重新生成频繁封闭项集,而只需考虑新增的交易来更新封闭项集格即可。把这些频繁封闭项集以格的形式进行组织,也就是说不仅存储了频繁封闭项集而且描述相互之间的关系。利用这些关系,就可以降低后续从频繁封闭项集中提取最小无冗余规则的时间复杂度。实验表明,本节所提出的算法是正确有效的。

6.3　基于概念格提取简洁关联规则

上一节我们针对最小无冗余关联规则,并利用最小项集集合 SLIT,从量化封闭项集格中直接提取满足用户设定的最小支持度 minsup 和最小置信度 minconf 的最小无冗余关联规则。采用上述的算法,提取出的规则虽是满足最小支持度和最小置信度的,具有最小前件、最大后件的关联规则,但从数量上来说,并不是满足最小支持度和最小置信度要求的最小关联规则集。可以说从量化封闭项集格 QCIL 中提取所有节点包含的最小无冗余规则,是全部关联规则中无任何信息丢失的最小集合，但并不是满足用户设定的 minsup 和 minconf 的最小集合。因此，在允许丢失一定信息的条件下，研究满足用户需求的简洁关联规则集是有意义的。

定义 6.3 若关联规则 $R: X \Rightarrow Y$ 是有效的具有最小前件、最大后件的关联规则，如果不存在另一个有效的关联规则 $R': X' \Rightarrow Y'$，满足 $X' \subseteq X, Y \subseteq Y'$，那么 $X \Rightarrow Y$ 为简洁的关联规则。

对于表 6.2 所示的交易数据库，其对应的封闭项集格和同交易集的项集集合组成的格分别如图 6.2 和图 6.3 所示。在图 6.3 中，每个格节点的同交易项集集合中的最小项集用斜体字表示，最大项集用黑体字表示，格节点分别用不同的编号表示。

表 6.2 交易数据库示例

TID	items	TID	items
1	abcef	6	abcf
2	abcef	7	ac
3	abce	8	bc
4	abce	9	abc
5	abcf	10	abc

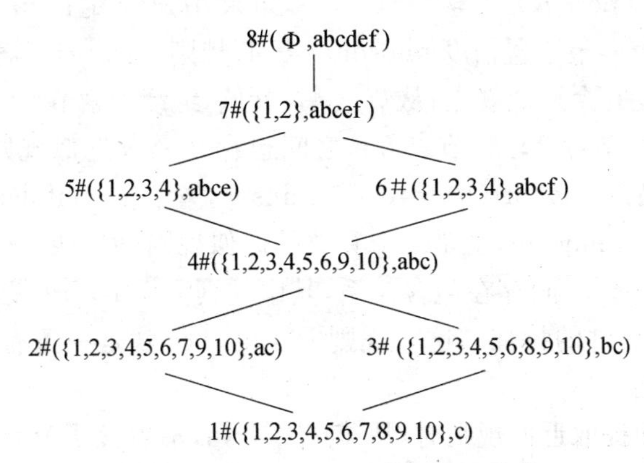

图 6.2 表 6.2 所对应的封闭项集格

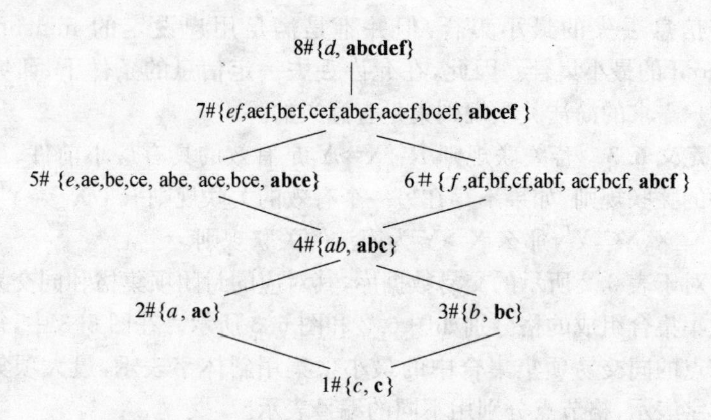

图 6.3　图 6.2 格节点所对应的同交易集的项集格

这里,出现了前面所说的特殊节点——“1”元节点的处理问题。在图 6.2 中“1”元节点为 1♯({1, 2, 3, 4, 5, 6, 7, 8, 9, 10}, c),是第二种情形的“1”元节点,Intent(1♯)={c}。这时其对应的最小项集 SLIT={c}。在图 6.3 中用 1♯{*c*, **c**}来表示,其中的{c}项集既是最小项集又是最大项集。

例如,在图 6.2 和图 6.3 中,节点 2♯和其子节点 4♯之间可提取一个最小无冗余近似规则 R: a⇒bc,其支持度 support(R)=0.8,置信度 confidence(R)=8/9=0.89。如果用户设定的最小支持度 minsup=0.4,最小置信度 minconf=0.4,规则 R: a⇒bc 就是一个有效的最小无冗余近似规则;从节点 4♯开始,继续搜索节点 2♯的子节点节点 5♯、节点 2♯和节点 5♯之间也存在一条近似规则 R′: a⇒bce,其支持度 support(R′)=0.4≥minsup,置信度 confidence(R′)=4/9=0.44≥minconf,也是一个有效的近似规则,但很明显 R: a⇒bc 和 R′: a⇒bce 之间存在包含关系,其中规则 R′: a⇒bce 更具有最小前件、最大后件的特征。这时规则 R′: a⇒bce 就是一条有效的简洁的关联规则。

在前面提取近似规则时,从节点 C 开始,沿着孩子节点的方向一直寻找下去,直至满足 minsup 和 minconf 的“最年少”的孩子节点为止。那么，节点C和其“最年少”的孩子节点间提取的最小无冗余规则就是他们间满足用户设定条件的简洁的规则集。

定义6.4 对于节点C来说，若其“最年少”的孩子节点为Cy，那么，节点Cy要满足下列条件：

(a) sup(Cy) ≥minsup；

(b) sup(Cy) ≥sup(C) * minconf；

(c) 不存在Cy的孩子节点Cz，且不满足sup(Cz)≥minsup和sup(Cz) ≥sup(C) * minconf。

其中，条件(a)和(b)是保证节点C和其孩子节点Cy之间提取的规则的有效性，即满足用户设定的最小支持度和最小置信度的要求；条件(c)保证了Cy是满足条件的“最年少”的孩子节点。

对于整个封闭项集格中所有节点的简洁的规则集，去除掉一些存在包含关系的规则就形成了全局的简洁规则集。

在三个节点C_1、C_2、C_3中，只有满足下列条件，才可能使提取的规则存在包含关系：

① C_2是C_1的祖先，C_3又是C_2和C_1共同的“最年少”的孩子节点。

② C_1的一个最小项集是C_2的一个最小项集的子集。

这样，由C_2的这个最小项集到C_3的最大项集间形成的规则就不是简洁的规则，它和C_1的这个最小项集和C_3之间形成的规则存在包含关系。这时就需把存在包含关系的规则中，具有最小前件、最大后件的规则保留，而把其他规则去掉。

例如，在图6.2和图6.3中，节点2#和其子节点5#之间一则有效的简洁的关联规则R：a⇒bce，同时在节点4#和节点5#之间也存在一则有效的简洁的关联规则R′：ab⇒ce。这时，只有规则R：a⇒bce应保留。

下面给出从格中的任意节点C开始提取全局的简洁的规则集的一个递归算法的伪码：

```
PROCEDURE Gen_rule(节点C)
```

```
BEGIN
  IF 如果存在C的父节点Cp,且还未产生该节点的规则 THEN
    Gen_rule(节点Cp) ENDIF
  求出节点C所有可能的"最年少"的孩子节点;
  在节点C和所有可能的"最年少"的孩子节点之间
  提取简洁的规则,调用Gen_rule_node(C,Cy);
  为节点C置已提取规则标志;
  IF 存在C的孩子节点Cc THEN Gen_rule(节点Cc) ENDIF
END

PROCEDURE Gen_rule_node(C,Cy)
BEGIN
IF Intent(C) = Φ THEN RETURN
计算节点C所对应的SLIT;
FOR 每个项集Pk∈SLIT DO
  IF 在SIT(Cy)的不存在Pk',且Pk'⊂Pk THEN
    Sup = sup(Cy)
    conf = sup(Cy) /sup(C)
    IF sup ≥minsup 和 conf≥minconf   THEN
      MAR = MAR∪{Pk⇒Itemset (Cy)\ Pk,sup,conf};
    把项集Pk加入到SIT(Cy)中;
    ENDIF
  ENDIF
ENDFOR
RETURN
```

其中节点C和其"最年少"的孩子节点Cy之间的规则提取涉及节点C所对应的同交易集的项集中最小项集的计算问题,这里不再赘述;两个节点之间的规则的提取和前面的章节中的最小无冗余规则的提取算法近似,所不同的是在Gen_rule_node(C,Cy)中为每个子节点Cy添加了一个SIT集合,用来存放节点Cy和其比节点C更大的父节点间提取最小无冗余规则时用到的最小项集。而在提取C和

Cy 间的规则时，若 SLIT(C)中的某个最小项集是 SIT(Cy)中某个项集的超集，则就会出现规则的包含关系，这时就无需提取该规则。

把上述的算法，应用到表 6.3 所示的数据库，如果用户设定的最小支持度 minsup=0.4，最小置信度 minconf=0.4，那么其对应图6.2所示格中提取的全局简洁的近似规则如表 6.3 所示。

表 6.3　图 6.2 格所对应的全局最简洁规则

规则 Rule	支持度	置信度	所属节点范围
c⇒abe	2/5	2/5	1#→5#
c⇒abf	2/5	2/5	1#→6#
a⇒bce	2/5	4/9	2#→5#
a⇒bcf	2/5	4/9	2#→6#
b⇒ace	2/5	4/9	3#→5#
b⇒acf	2/5	4/9	3#→6#

6.4　最小无冗余规则的渐进更新-量化规则格及其构造

我们知道，有了频繁项集后，就可以方便的生成所需的关联规则。通常关联规则挖掘的研究主要是集中在频繁项集的获取。对于最小无冗余关联规则的提取来说，其关键就是同交易集的频繁项集 SFIST 中最小项集 SLIT 的获取。可以说，得到了最小项集 SLIT，就得到了其对应的最小无冗余关联规则。因此，本节关于最小无冗余关联规则的渐进更新问题，就集中在最小项集的集合 SLIT 的更新问题。

为了便于从频繁封闭项集格中提取最小无冗余规则，可以把格节点所对应的 SFIST 中的最小项集集合 SLIT 与格一起生成。这样，在量化封闭项集格的格节点的结构中，除了项集 *Itemset*、项集所对应的交易集 *Tid* 及其数目 *Tid_count*、节点所有的直接父概念

*Dirt_parent*及其数量*Dp_count*和直接子概念*Dirt_child*及其数量*Dc_count*外，再增加节点所对应的SFIST中的最小项集集合*SLIT*，所形成的概念格可称为量化规则格(Quantitative Rule Lattice)，简记为QRL。这样，最小项集的集合SLIT的更新问题就变成了量化规则格及其渐进式构造问题。

为了适应数据库不断更新的要求，量化规则格需采取渐进方式产生。渐进方式生成格的算法可采用类似量化封闭格的生成算法。现在的关键就是渐进产生格节点所对应的SLIT。由于是要渐进式更新SLIT，这里对SLIT的计算采用差集方案来进行更合适些。

在概念格渐进生成过程中，由于新增节点的产生，会改变原来节点之间的父子关系，新增节点是其产生子节点的直接父节点，而产生子节点的原来直接父节点就可能变成新增节点的直接父节点，而不再是产生子节点的直接父节点。体现在格的Hasse图上，就是要调整格节点之间的连接关系。对应一个节点来说，就可能需要添加或删除连线。由于下面主要简述SLIT的产生问题，只涉及节点中的项集，因此，在下面的Hasse图中的格节点只用项集来表示。

6.4.1　增加节点连线的更新处理

设节点C的项集为abcde，它有两个直接父节点，其项集分别为bcde和ade，节点C和其父节点的项集差集a、bc标注在节点连线上，这时节点C所对应的SFIST中的SLIT为{ab，ac}标注在节点C旁，如图6.4所示。现假设新产生一个*Dirt_parent*(C)，其项集为abe，如图中的虚线所示。

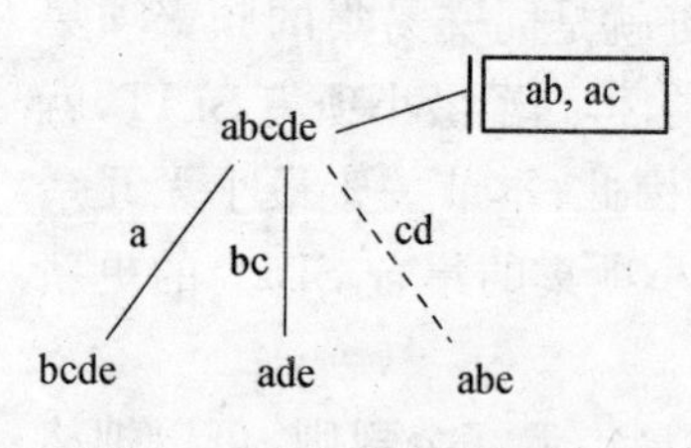

图6.4　增加节点连线示意

增加节点连线，实际上就是增加一个节点和其直接父节点的差集，这时采用差集来更新原来的SLIT，可采用5.3节有关采用差集方案计算最小项集集合的算法，只是由于量化规则格是渐进式生成的，若最后的格中存在第 2 种情形的"1"元节点，那它在新产生时，其对应的 SLIT 也会被计算。因此，无需考虑"1"元节点的特殊处理。为了讲述量化规则格渐进更新的完整性，这里仍给出和 5.3 节有关采用差集方案计算最小项集集合近似的内容。

定理 6.3 设节点 C 对应的最小项集集合为 SLIT，若新增直接父节点 Dirt_parent(C)，它们的项集差 Diff = *Itemset*(C)\ *Itemset*(*Dirt_parent*(C))。对于 SLIT 中任一项 Item ∈ SLIT，如果 Item ∩ Diff ≠ Φ，则 Item 保持不变。

证明： 设 item ∩ Diff = $Elem_1$ ≠ Φ，| $Elem_1$ | = 1，那么由 Diff 中的元素 $Elem_1$ 形成的新项集 $Item_1$ = Item ∪ $Elem_1$ = Item。假设 Diff 中其他元素 $Elem_2$ ∈ Diff，那么元素 $Elem_2$ 形成的新项集 $Item_2$ = Item ∪ $Elem_2$ ⊃ $Item_1$ = Item，即 $Item_1$ = Item 是 Diff 加入后的最小项集。同理，当 | Item ∩ Diff | > 1 时，Item 仍为 Diff 加入后的最小项集。

SLIT 中所有保持不变的项形成不变最小项集集合，记为 SLIT_keep；除不变项集外的项集称为更新项集，记为 SLIT_updt。

定理 6.4 设节点 C 对应的最小项集集合为 SLIT，与新增直接父节点 Dirt_parent(C) 的项集差 Diff。对于任一项 Item ∈ SLIT_updt，如果 Item ∩ Diff = Φ，则对于每个元素 Elem ∈ Diff，Itemnew = item ∪ Elem，若在 SLIT_keep 中不存在 Itemnew 的子集项，即 ∄ Item′ ∈ SLIT_keep 且满足 Item′ ⊂ Itemnew，则 Itemnew 为新增的最小项集。

该定理是显然的，证略。

例如，在图 6.4 中，节点 C 原具有两个直接父节点，其 SLIT = {ab, ac}，现新增一个直接父节点，其和节点 C 的项集差为 cd，由于 ac ∩ cd = c ≠ Φ，那么 ac 是 SLIT 中的不变最小项集。ab ∩ cd = Φ，那么将形成新项集 $Itemnew_1$ = ab ∪ c = abc 和 $Itemnew_2$ = ab ∪ d = abd，但由于 ac ⊂ abc，ac ⊄ abd，所以 $Itemnew_2$ = abd 为新增的最小项集。这时节点 C 的 SLIT 就更新为{ac, abd}。

格中节点新增父节点(增加节点连线)的处理过程为：

```
PROCEDURE add_line(Icd：子节点项集,Ipt：父节点项集,SLIT：子节点对应的最小项集集合)
SLIT_new = Φ
SLIT_keep = Φ
Diff = Icd\Ipt
FOR SLIT 中的每个项集 Item DO
Temp = Item∩Diff
IF Temp ≠ Φ THEN SLIT_keep = SLIT_keep∪{Item} ENDIF
ENDFOR
SLIT_updt = SLIT \ SLIT_keep
FOR SLIT_updt 的每个项集 Item1 DO
  FOR Diff 中的每个元素 Elem DO
  itemnew = Item1∪Elem
  IF SLIT_keep≠Φ 且 SLIT_keep 的每个项集 Item2 ⊄ itemnew THEN
  SLIT_new = SLIT_new∪{itemnew}
  ENDIF
  ENDFOR
ENDFOR
SLIT = SLIT_new∪SLIT_keep
RETURN SLIT
```

6.4.2 删除节点连线的处理

设节点 C 的项集为 abcde,它有三个直接父节点,其项集分别为 bcde、ade 和 abe,节点 C 和其父节点的项集差集也标注在节点连线上,这时节点 C 所对应的 SFIST 中的 SLIT 为{abd, ac}标注在节点 C 旁,如图 6.5 所示。现假设要删除差集为 bc 的连线,如图中的虚线所示。

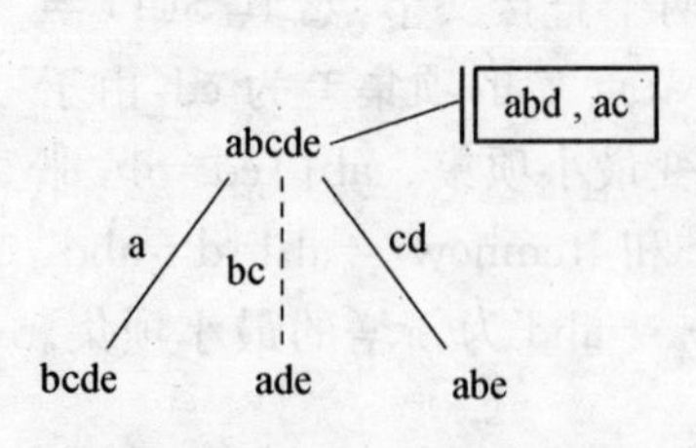

图 6.5 删除节点连线示意

定理 6.5 设节点 C 对应的最小项集集合为 SLIT,需要删除连线的项集差为 Diff。对于任一项 Item ∈

SLIT，如果 $|Item \cap Diff|>1$，则 Item 保持不变。

证明： 由定理 6.4 可知，若某项集 Item∈SLIT，是由 Diff 中的元素产生的，则 $|Item \cap Diff|=1$。而 $|Item \cap Diff|>1$，所以该 Item 不是由 Diff 产生的，也就是说原来增加 Diff 时，$Item \cap Diff \neq \Phi$，即 Item 是不变项集。

定理 6.6 设节点 C 对应的最小项集集合为 SLIT，需要删除连线的项集差为 Diff。对于任一项 Item∈SLIT，如果 $|Item \cap Diff|=1$，设 $Item \cap Diff=Elem$，节点 C 与其他直接父节点的项集差为 Diff_other。那么，若 Elem∈Diff_other，则 Item 保持不变；若 Elem∉Diff_other，则 Item 更新为 Item\Elem。

证明： 因为 $Item \cap Diff=Elem$，且 $|Item \cap Diff|=1$，那么 SLIT 中的 Item 项一定是由 Diff 中的 Elem 元素产生的。但若元素 Elem 也在 C 与其他直接父节点的项集差为 Diff_other 中存在，即 Elem∈Diff_other，那么由差集 Diff_other 中的元素 Elem 也产生 Item 项。这时删除项集差为 Diff 的连线就不会改变 Item，即 Item 保持不变。若 Elem∉Diff_other，说明 Item 唯一地由 Diff 中的 Elem 元素产生的，这时 Item 就需更新，即 Item＝Item\Elem。得证。

例如，在图 6.5 中，SLIT＝{abd, ac}，现在要删除差集 Diff＝bc 的连线。对于 SLIT 中的 abd 来说，$abd \cap bc=b$，而 b∉a 和 b∉cd，所以，abd 更新为 abd\b＝ad。对于 SLIT 中的 ac 来说，$ac \cap bc=c$，而 c∈cd，所以，ac 保持不变。这样，删除差集 Diff＝bc 的连线后，SLIT 更新为{ad, ac}。

定理 6.7 设节点 C 对应的最小项集集合为 SLIT，需要删除连线的项集差 Diff 有 $|Diff|=1$，那么 SLIT 中的项 Item 都需更新为 Item\Diff。

证明： 由于 $|Diff|=1$，那么 $Item \cap Diff=Diff$。设删除连线的直接父节点为 Cp，Cp ∈*Dirt_parent*(C)。假设节点 C 有另一直接父节点 Cp′，即 Cp′ ∈*Dirt_parent*(C) 它们的项集差 Diff_other＝*Itemset*(C)\ *Itemset*(Cp′) 且 Diff∈Diff_other，则 *Itemset*(Cp′)⊂*Itemset*

(Cp),即 Cp′ ∈*Dirt_parent*(Cp),这和 Cp、Cp′ ∈*Dirt_parent*(C)相矛盾,所以,Diff∉Diff_other。根据定理 6.6,这时 SLIT 中的项 Item 都需更新为 Item\Diff。

定理 6.7 实际上是定理 6.6 的特殊情形,也完全可以采用定理 6.6 处理,但采用定理 6.7 将极大提高处理速度。

删除节点间连线的处理过程为:

```
PROCEDURE del_line(Icd: 子节点项集,Ipt: 父节点项集,SLIT: 子节点对应的最小项集集合)
SLIT_new = Φ
Diff = Icd\Ipt
FOR SLIT 中的每个项集 Item,按|Item|升序 DO
IF | Diff | = 1 THEN SLIT_new = SLIT_new∪{Item \Diff}
ELSE
  Temp = Item∩Diff
  Itemnew = Item
  IF | Temp | = 1 且 Temp∉Diff_other THEN
  Itemnew = Item \Temp
  ENDIF
  IF SLIT_new≠Φ 且 SLIT_new 中的每个项集 Item1 ⊄itemnew THEN
  SLIT_new = SLIT_new∪{itemnew}
  ENDIF
ENDIF
ENDFOR
SLIT = SLIT_new
RETURN SLIT
```

6.4.3 量化规则格的渐进生成算法

量化规则格构造算法可采用类似量化封闭格的生成算法。只是在新增节点需要调整节点间的父子关系,即在增加或删除节点间连线时分别调用上面所述的两个子程序 add_line(Icd, Ipt, SLIT)和

del_line(Icd,Ipt,SLIT)。算法中有关的 *Dp_count* 和 *Dc_count* 等参数的更新没有表示出来,重点的调用上面所述的两个子程序在算法中标注了“ * ”号。

```
Algorithm: 量化规则格 QRL 的渐进式生成算法
INPUT: 已有的量化规则格 L,新增的交易(事务)Tn。
OUTPUT: 更新后的格 L′。
BEGIN
CIn = Φ;保存更新或新增的概念
In = Itemset(Tn)
FOR 格 L 中的每个节点 C 按|Itemset(C)|的升序 DO
Ic = Itemset(C)
  IF Ic⊆In THEN
    Tid_count(C) = Tid_count(C) + 1; Tid(C) = Tid(C)∪{Tid(Tn)}
    把 C 插入到 CIn 中
    IF Ic = In THEN 退出 FOR 循环 ENDIF
ELSE
  Y = Ic∩In
  IF CIn 中不存在 Ck 使得 Itemset(Ck) = Y THEN
      新增节点 N
      Itemset(N) = Y
      SLIT(N) = Φ
      Tid_count(N) = Tid_count(C) + 1; Tid(N) = Tid(C)∪{Tid(Tn)}
      把 N 插入到 CIn 中
      增加 C 到 Dirt_ child (N),增加 N 到 Dirt_ parent (C)
      FOR 每个节点 Ca∈CIn DO
        IF Itemset (Ca)⊂Y THEN
          prt = true
          FOR 每个 Cb∈Dirt_ child (Ca) DO
            IF Itemset (Cb)⊂Y THEN prt = false;
          退出 FOR 循环 ENDIF
        ENDFOR
```

```
        IF prt
          IF Ca∈ Dirt_parent(C) THEN
          Dirt_parent(C)中删除Ca,Dirt_child(Ca)中删除C
          CALL del_line(Ic, Itemset (Ca),SLIT(C))      (*)
          ENDIF
          Dirt_parent(N)中添加Ca,Dirt_child(Ca)中添加N
          CALL add_line(In,Itemset (Ca), SLIT(N))      (*)
          ENDIF
        ENDIF
      ENDFOR
      CALL add_line(Ic, In, SLIT(C))         (*)
    ENDIF
  ENDIF
ENDFOR
END
```

6.4.4 两种方案的比较分析及其试验验证

渐进式生成的量化规则格(QRL)的时间可分为构造单纯封闭项集格所需的时间 t_G、生成 SLIT 时增加连线操作所需的时间 t_A、删除连线操作所需的时间 t_D。和单纯封闭项集格生成相比,肯定会多花费生成 SLIT 所需的时间 t_{S1},多出的时间 $\Delta t = t_{S1} = t_A + t_D$。但量化规则格包含了后续提取最小无冗余关联规则所需的全部信息,可以非常方便地从量化规则格中直接提取出最小无冗余关联规则。

先生成封闭项集格再求取格节点所对应的最小项集来提取最小无冗余关联规则也是一种利用概念格提取最小无冗余规则的方案,简记为 L+SLIT 方案。设其所需的时间包括构格的时间 t_G 和产生 SLIT 的时间 t_S。对于静态数据库来说,其产生 SLIT 的时间 $t_{S2} = t_A - t_D$。因此采用该方案花费的时间比从量化规则格中提取最小无冗余规则的时间少,因为量化规则格渐进生成格节点的 SLIT 时可能会发生多次的删除连线处理过程,其时间差 $\Delta t = t_{S1} - t_{S2} = t_A + t_D -$

$(t_A-t_D)=2\times t_D$。而现实的事务数据库都是不断地添加新的记录，即数据库是动态的，这时该 L+SLIT 方案在每次添加新的记录时都需重新计算 SLIT，而采用量化规则格渐进生成方案只需处理少量新增的节点，这时就体现了其突出的优越性。

为了验证上述分析的正确性，我们在 Windows XP 下用 VC++ 6.0 编程实现了 QRL 渐进生成方案，在 P4 2.6G 的计算机上对随机产生的数据进行了测试，并和 L+SLIT 方案进行了比较。试验中，形式背景的对象个数、属性个数及其对象属性间存在关系的概率由程序随机产生。随机产生的形式背景的属性个数固定为 20，对象属性间存在关系的概率为 0.30，对象个数从 100 开始，每次递增 20 个。L+SLIT方案和 QRL 方案的试验结果见图 6.6。可以看出，随着形式背景中对象的不断增加，QRL 方案的性能比 L+SLIT 方案优越。

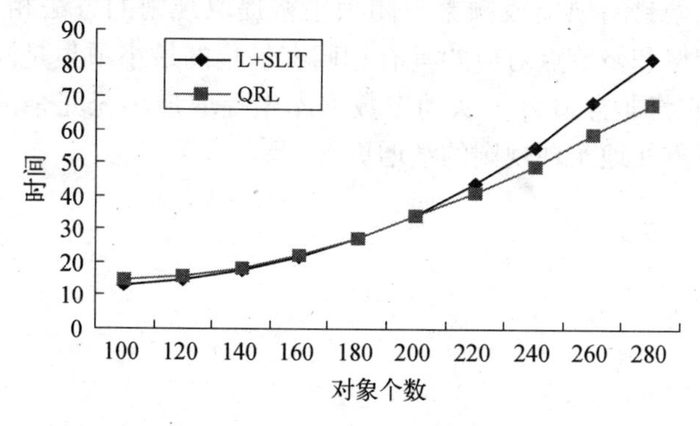

图 6.6　两种方案的试验比较

6.5　结论

根据同交易集的频繁项集与最小无冗余规则之间的关系，发现从量化封闭项集格中提取最小无冗余规则的关键是量化封闭项集格节点所在的同交易频繁项集中的最小项集 SLIT。采用渐进方式构造量化封闭项集格非常适合于数据需经常更新的情形，并且只需扫描一次数据库。当数据库添加更新时无需重新生成频繁封闭项集,而只需考虑新增的交易来更新封闭项集格即可。把这些频繁封闭项集以格的形式进行组织,也就是说不仅存储了频繁封闭项集而且描述相互之间的关系。利用这些关系,就可以降低后续从频繁封闭项集中提取最小无冗余规则的时间复杂度。

最小无冗余规则是全部关联规则中无任何信息丢失的规则集合,但并不是满足用户设定的 minsup 和 minconf 的最小集合。在允许丢失一定信息的条件下,简洁的关联规则集是满足用户需求的最少规则集。

为了便于利用概念格提取最小无冗余规则,实现规则的更新。本章还提出了量化规则格,并给出了节点所对应的同交易项集集合中的最小项集在渐进构造格的过程中同时生成所需的算法。和现有的利用频繁封闭项集或频繁封闭项集格提取规则的方法相比,由于量化规则格和格节点对应的具有相同交易集的最小项集是同时渐进生成的,它将非常适合于从动态数据库中提取最小无冗余的关联规则并且可方便地实现规则的渐增更新。

第七章　基于概念格分布处理的规则发现

7.1　基于概念格合并运算提取关联规则

利用概念格的分布处理，把形式背景进行拆分，分别构造相应的部分概念格，然后再进行部分概念格合并，得到完整概念格。再提取出相应的关联规则是从概念格中获取知识的一种有效手段。这其中涉及的形式背景的分拆技术、概念格的生成技术、多概念格的合并技术前面的章节已经做了较深入的研究。从概念格中提取有效的关联规则的技术和方法，国际国内有许多学者在这方面进行了研究。在这里，对形式背景和概念格的合并限于对象域的合并，即纵向合并。这一方面是为了使问题简化；另一方面也符合实际情况。因为，交易数据库（形式背景）的增加往往是交易记录的新增。

基于概念格合并运算提取关联规则的方案可以用图 7.1 来描述。

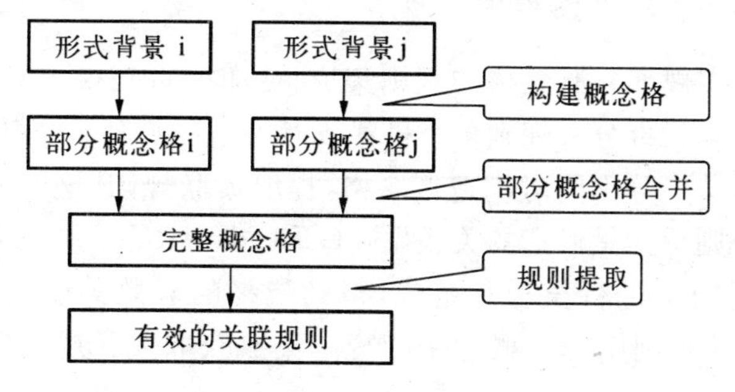

图 7.1　基于概念格合并运算来提取关联规则

如果需要利用概念格合并运算来提取最小无冗余的关联规则，那么就可把其中的一个部分概念格采用量化规则格的形式，然后采用第四章的多概念格的纵向合并的类似算法，把其他概念格中的概念先后插入到那个量化规则格中，就形成了一个完整的量化规则格，就可以方面的提取最小无冗余的关联规则。也可以直接对合并后的完整概念格，采用任意一种最小项集的计算方法，计算完整格节点所对应的同交易集的项集中的最小项集集合 SLIT，然后再提取最小无冗余的关联规则。

7.2 利用部分概念格的规则集成获取关联规则

通过形式背景进行拆分，分别构造相应的部分概念格，再从部分概念格中分别提取出部分关联规则，然后直接进行部分关联规则的运算和处理得到关联规则，也是获取知识的一个更直接更有效的手段。在上节的提取关联规则的方案中，完整概念格只是提取关联规则的一个中间桥梁，最终有效关联规则才是最后的目标。如果能并行地处理部分关联规则，那么将极大地提高从形式背景中提取规则的效率，也能显著减少存储完整概念格所需的空间开销。

7.2.1 系统的框架

为了实现部分概念格的规则集成，分布并行获得关联规则，就要把形式背景拆分分配到多个机器节点中。设共有 n 个机器节点。每个机器节点分别同时构造概念格，提取关联规则，这时分别提取的关联规则称为是候选的关联规则(Candidate Rules)。然后对 n 个候选的规则集进行核查和集成，得到最终的有效关联规则(Final Rules)。这种利用部分概念格的规则集成获取关联规则框架如图 7.2 所示。

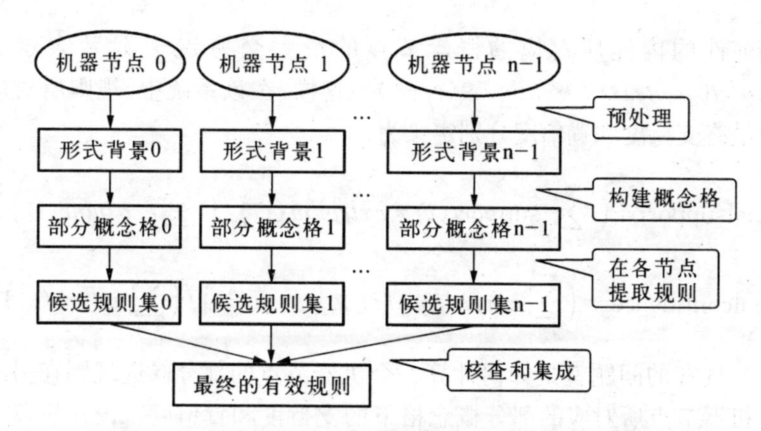

图 7.2　部分概念格的规则集成获取关联规则的框架

7.2.2　候选关联规则的核查与集成

在上述的利用部分概念格的规则集成获取关联规则的方案中，其核心就是如何对部分概念格所提取的候选关联规则的核查和集成，得到最后的有效关联规则。

对于一个规则来说，其有效性主要是核查它的支持度和置信度。对于从概念格的概念对 (C_1, C_2) 中提取的规则 A=>B 来说，我们知道：

1) $support(A=>B)=|Extent(C_2)|/|O|$；

2) $confidence(A=>B)=|Extent(C_2)|/|Extent(C_1)|$。

衡量一个候选规则(Candidate Rule)是否能够成为最终的有效规则(Final Rule)，就是核查它的最终支持度(Final Support)和最终置信度(Final Confidence)是否满足最小支持度和最小置信度的要求。

对于存在 n 个机器节点的系统，一个候选规则在各机器节点中的支持度和置信度表示为 *support*0，*support*1，…，*support*(n−1)和 *confidence*0，*confidence*1，…，*confidence*(n−1)。各个部分数据库中交易记录的数量或对象/外延数表示为 *extcount*0，*extcount*1，…，*extcount*(n−1)；我们检索每个部分概念格的概念节点，包含候选规则前件的内涵所对应的概念节点的最大交易数/外延数表示为 $antext0, antext1, \cdots, antext(n-1)$。这样，在该系统中，规则所对应的最终支持度和置信度分别定义为：

$$\text{finalsupport}=\left(\sum_{i=0}^{n-1}\text{sup}port(i)\times extcount(i)\right)\Big/\left(\sum_{i=0}^{n-1}extcount(i)\right);$$

$$\text{finalconfidence}=\left(\sum_{i=0}^{n-1}confidence(i)\times antext(i)\right)\Big/\left(\sum_{i=0}^{n-1}antext(i)\right)。$$

现在的问题就是如何计算一个机器节点的部分候选规则在另一个机器节点所对应的部分概念格下的支持度和置信度。设在机器节点 m (m=0,1, …, n−1)中有一个候选的规则 Rc：A=>B，现在要计算该规则在机器节点 m′中的支持度 support′ 和置信度 confidence′。设在机器节点 m′中交易记录的数量或对象/外延数为 *objectcount*，搜索机器节点 m′中所对应的部分概念格 L(m′)，找到概念的内涵包含 A∪B 的最大概念节点，该节点的外延数目(外延的势)用 *extcount* 表示，那么支持度 support′=*extcount*/*objectcount*；同理，在部分概念格 L(m′)中，搜寻概念的内涵包含 A 的最大概念节点，该节点的外延数目(外延的势)用 *antextcount* 表示，那么置信度 confidence′=*antextcount*/ *extcount*。

规则集成利用了一个很朴素的思想：对于对象域数据库的拆分来说，如果某最终规则是有效的，那么它一定在至少一个部分数据库中也是有效的候选规则。如果某个规则在部分数据库中无效，那么在整个数据库中也是无效的。

定理 7.1 对于某事务数据库来说，如果存在某最终规则 R：A=>B是有效的，即 finalsupport(R)≥minsup，finalconfidence(R) ≥minconf，那么至少在某个部分数据库中一定存在一个有效的候选规则 R：A=>B。

证明： 设完整数据库为 context，它至少分为 context(m)和 context(m′)两个部分事务数据库。那么完整数据库的事务记录数

extcount(context) = *extcount*(context(m)) + *extcount*(context(m′))。规则 R：A=>B 在完整数据库中是有效的，那么 support(R)≥minsup，confidence(R) ≥minconf。这时在部分事务数据库 context(m)和 context(m′)中必然都存在 R：A=>B，设其支持度和置信度分别为 support(Rm)、support(Rm′)和 confidence(Rm)、confidence(Rm′)。

设 support(Rm) = minsup + diff_sup(Rm)，support(Rm′) = minsup+diff_sup(Rm′)根据支持度的定义，规则 R：A=>B 在完整数据库中的支持度为：

$$
\begin{aligned}
\text{support}(R) &= (\text{support}(Rm) \times \textit{extcount}(\text{context}(m)) + \text{support}(Rm') \times \\
&\quad \textit{extcount}(\text{context}(m'))) / \textit{extcount}(\text{context}) \\
&= ((\text{minsup} + \text{diff\_sup}(Rm)) \times \textit{extcount}(\text{context}(m)) + \\
&\quad (\text{minsup} + \text{diff\_sup}(Rm')) \times \textit{extcount}(\text{context}(m'))) / \\
&\quad \textit{extcount}(\text{context}) \\
&= (\text{minsup} + (\text{diff\_sup}(Rm)) \times \textit{extcount}(\text{context}(m)) + \\
&\quad (\text{diff\_sup}(Rm')) \times \textit{extcount}(\text{context}(m'))) / \\
&\quad \textit{extcount}(\text{context})。
\end{aligned}
$$

这样，support(R)和 minsup 的大小关系，就由 diff_all=((diff_sup(Rm))×*extcount*(context(m))+(diff_sup(Rm′))×*extcount*(context(m′)))/ *extcount*(context)是否大于 0 的状态决定：

(1) diff_sup(Rm)≥0、diff_sup(Rm′) ≥0，

即 support(Rm) ≥ minsup、support(Rm′) ≥ minsup，那么 diff_all≥0，即 support(R) ≥minsup；

(2) diff_sup(Rm) ≥0、diff_sup(Rm′) <0，

即 support(Rm)≥minsup、support(Rm′)<minsup，若|(diff_sup(Rm))×*extcount*(context(m))| ≥ |((diff_sup(Rm′))×*extcount*(context(m′)))|，那么 diff_all≥0，即 support(R) ≥minsup；

(3) diff_sup(Rm) < 0、diff_sup(Rm′) ≥ 0，

即 support(Rm)<≥minsup、support(Rm′)≥minsup，若|(diff_sup(Rm′)) × *extcount* (context (m′)) | ≥ |(diff_sup(Rm)) × *extcount*(context(m))|，那么 diff_all≥0，即 support(R) ≥minsup；

(4) diff_sup(Rm) <0、diff_sup(Rm′) <0，即 support(Rm)< minsup、support(Rm′)< minsup，那么 diff_all<0，即 support(R) < minsup。

同理，可证明规则的置信度 confidence(R)和 confidence(Rm)、confidence(Rm′)也有上述类似的结论。

对于完整数据库分为多于两个的部分数据库，其情形也是类似的。

第(1)(2)(3)种情况说明规则 R：A=>B 在整个数据库中有效的，至少应在一个部分数据库中是有效的；第(4)种情形说明若规则 R：A=>B 在部分数据库都无效，那么它在完整数据库中也一定是无效的。得证。

这样，通过核查单个机器节点中的候选规则在整个分布系统中的有效性，就能知道那些候选规则能最终成为全局的有效规则，即最终有效规则。

下面给出核查单个机器节点中的候选规则在整个分布系统中的有效性算法的伪码：

```
Algorithm：核查单个机器节点中的候选规则在整个分布系统中的有效性
Input：整个系统的全部节点 ALLNODE，单个节点 THISNODE，minsup，minconf；
Output：单个节点中的候选规则将成为最终有效规则的规则集 RULES
BEGIN
  FOR 单个 THISNODE 中的每个候选规则 DO
    queue.push(candidate)；//把候选规则存放在队列 queue 中
    WHILE NOT queue.empty() DO
      RULE：= queue.pull()；
      Finalsupport：= RULE.support；
      Finalconfidence：= RULE.confidence；
```

```
计算 THISNODE 的概念格中的 antext 和  objectcount;
FOR 在 ALLNODE 中其他节点 OTHERNODE,
        OTHERNODE≠THISNODE DO
  计算规则 RULE 在 OTHERNODE 中的
  支持度 Tempsupport，和置信度 Tempconfodenc;
  计算 OTHERNODE 的概念格中的 antext′ 和 objectcount′;
    Finalsupport = (Finalsupport × objectcount + Tempsupport ×
    objectcount′)/(objectcount + objectcount′);
  objectcount: = objectcount + objectcount′;
   Finalconfidence = (Finalconfidence × antext + Tempconfidence ×
   antext′)/(antext + antext′);
  antext: = antext + antext;
ENDFOR
IF ((Finalconfidence≥minsup)
  和 (Finalconfidence≥minconf)) THEN
RULES: = RULES∪{RULE}
ENDIF
END WHILE
END FOR
END
```

7.2.3 简单示例验证

设系统存在 3 个机器节点 Node0、Node1、Node2，分别处理 3 个部分数据库 Context 0、Context 1、Context 2，假设用户设定的规则的最小支持度和置信度 minsup=0.2、minconf=0.8。三个部分数据库 Context 0、Context 1、Context 2 分别如表 7.1、表 7.2 和表 7.3 所示：

表 7.1 部分数据库 Context 0

tid	a	b	c	d
1	1	0	0	1
2	1	1	0	1

续 表

tid	a	b	c	d
3	0	0	1	0
4	1	0	0	1
5	0	0	0	0
6	0	1	1	0

表 7.2 部分数据库 Context 1

tid	a	b	c	d
1	1	0	0	1
2	0	0	0	0
3	0	1	1	0
4	0	0	1	1

表 7.3 部分数据库 Context 2

tid	a	b	c	d
1	0	1	1	0
2	0	1	0	0
3	1	1	0	1
4	0	1	0	0
5	0	1	1	0

对于上述的 3 个部分数据库分别构造概念格。这里,假定要提取最小无冗余规则,那么构造的概念格为部分量化规则格。那么,3 个部分数据库 Context 0、Context 1 和 Context 2 所对应的量化规则格如图 7.3、图 7.4 和图 7.5 所示。在图中每个概念节点只表示了 3 个信息:交易集的势(对象或外延)、最小项集 SLIT、封闭项集(内涵),其中最小项集 SLIT 用斜体,内涵用加粗字体格式表示。

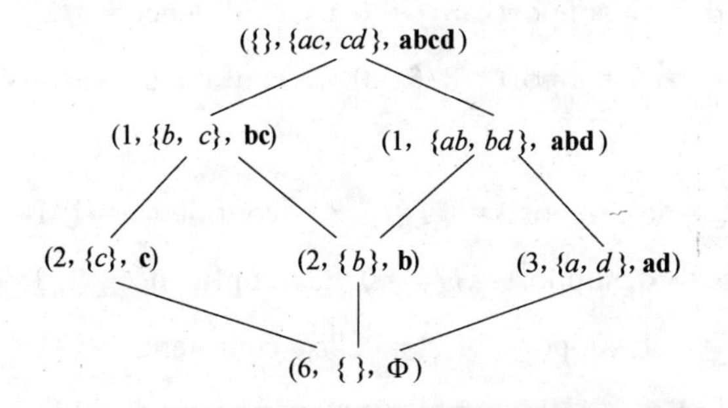

图 7.3　部分数据库 Context 0 的量化规则格

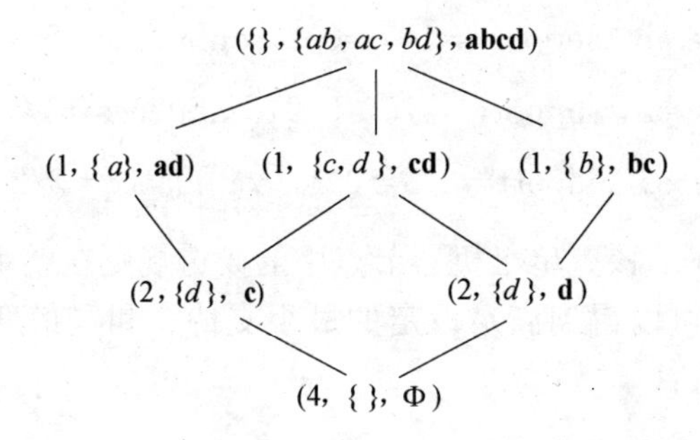

图 7.4　部分数据库 Context 1 的量化规则格

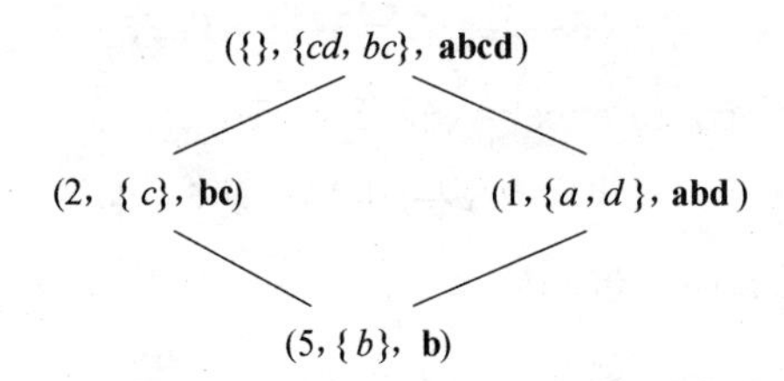

图 7.5　部分数据库 Context 2 的量化规则格

利用第六章提取最小无冗余规则的算法，在三个部分量化规则格中很容易提取有效的候选规则集：

Candidate _rules 0：

d ⇒a，support＝3/6＝0.5，confidence＝3/3＝1

a ⇒d，support＝3/6＝0.5，confidence＝3/3＝1

Candidate _rules 1：

b ⇒ c,support＝1/4＝0.25，confidence＝1/1＝1

b ⇒ d,support＝1/4＝0.25，confidence＝1/1＝1

c ⇒ d,support＝1/4＝0.25，confidence＝1/1＝1

d ⇒ c,support＝1/4＝0.25，confidence＝1/1＝1

Candidate _rules 2：

d ⇒ ab，support＝1/5＝0.2,confidence＝1/1＝1

a ⇒ bd，support＝1/5＝0.2,confidence＝1/1＝1

c ⇒ b，support＝2/5＝0.4，confidence＝2/2＝1

应用上述的核查单个机器节点中的候选规则在整个系统中的有效性的算法,可以得到满足设定的最小支持度和置信度要求的最终有效规则集为：

Final_rules：

a ⇒ d，support ＝((3/6) * 6＋(1/4) * 4＋(1/5) * 5)/(6＋4＋5)＝5/15＝0.33，

confidence ＝((3/3) * 3＋(1/1) * 1＋(1/1) * 1)/(3＋1＋1)＝5/5＝1

d ⇒ a，support＝((3/6) * 6＋(1/4) * 4＋(1/5) * 5)/(6＋4＋5)＝5/15＝0.33，

confidence ＝((3/3) * 3＋(1/2) * 2＋(1/1) * 1)/(3＋2＋1)＝5/6＝0.83

如果把三个节点中的三个部分数据库合并为一个完整的数据库Context,如表7.4所示。

表 7.4 完整数据库 Context

tid	a	b	c	d
1	1	0	0	1
2	1	1	0	1
3	0	0	1	0
4	1	0	0	1
5	0	0	0	0
6	0	1	1	0
7	1	0	0	1
8	0	0	0	0
9	0	1	1	0
10	0	0	1	1
11	0	1	1	0
12	0	1	0	0
13	1	1	0	1
14	0	1	0	0
15	0	1	1	0

直接构造完整数据库的量化封闭项集格或量化规则格，得到的量化规则格如图 7.6 所示，每个概念节点仍只表示了交易集的势（对象或外延）、最小项集 SLIT、封闭项集（内涵）等 3 个信息。

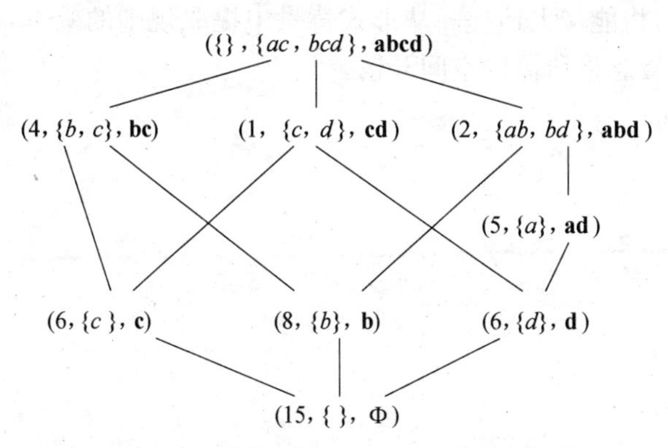

图 7.6 完整数据库 Context 的量化规则格

采用第六章从量化规则格中提取有效的最小无冗余规则算法，仍设定最小支持度和置信度 minsup＝0.2、minconf＝0.8。那么可以得到有效的规则集：

a ⇒ d，support＝5/15＝0.33，confidence＝5/5＝1

d ⇒ a，support＝5/15＝0.33，confidence＝5/6＝0.83

比较两种方案得到的最终有效规则可以看出，其结果是一致的。这一方面说明了利用部分概念格的有效候选规则的核查算法的正确性，另一方面也说明了利用部分概念格的规则集成获取关联规则方案的可行性。

7.3 结论

利用概念格的分布处理，把形式背景进行拆分，分别构造相应的部分概念格，然后再进行部分概念格合并，得到完整概念格，再提取出相应的关联规则是获取知识的一种有效手段；同样，先从部分概念格中分别提取出规则，然后直接进行规则的合并，也是获取知识的一个更直接更有效的手段。本章特别对从部分概念格的规则中合并集成得到最终的有效关联规则进行了研究。它适应于并行地处理部分关联规则，将能极大地提高从形式背景中提取规则的效率，显著减少存储完整概念格所需的空间开销。

第八章 结束语

概念格以其良好的数学性质已成功地应用于知识发现等诸多领域,但由于构造存储的复杂性又严重地限制其应用。研究概念格的分布构造,为解决概念格构造的时间复杂性和空间复杂性问题提供了非常理想的工具。为了实现概念格分布构造中多概念格横向合并处理,提出了基于属性的概念格构造算法,特别是基于属性的概念格渐进构造算法。它一方面弥补了现有的概念格生成算法中都是基于对象的构造算法,解决了在已构造好概念格的前提下,增加属性所带来的概念格更新问题;另一方面,为分布存储的概念格的横向合并提供了基础。

在概念格分布处理中,必然涉及形式背景的拆分和合并问题,它是概念格分布处理的前提。形式背景有横向、纵向合并,因而多概念格的合并就有横向合并和纵向合并两种。本文采用渐进式构造格的思想实现多个子格的合并,详细讲述多概念格的横向合并算法,并对纵向合并作简单的描述。

提取关联规则是知识发现研究的主要内容。概念格非常适合作为规则发现的基础性数据结构。由于直接从交易数据库提取的规则很多,且存在大量的冗余规则。大量规则的存在,特别是许多并不提供新的有用信息的存在,不仅占用大量的时间和空间,还不利于用户感兴趣知识的获取。研究最小无冗余规则的提取正是为了解决这方面的问题。从格中提取最小无冗余规则的关键就是每个节点所对应的同交易项集中的最小项集集合的计算问题,本文给出了两种最小项集集合的计算方法,给出了利用格节点所对应的最小项集,直接从量化封闭项集格中提取最小无冗余规则的算法。为了满足进一步减少提取的规则,提出了全局简洁规则的概念,并给出了相关的算法。

为了满足规则渐增更新的需要，提出了量化规则格，并详细描述了节点所对应的最小项集在渐进构造格的过程中同时更新的算法。它可方便地实现规则的渐增更新。

利用概念格的分布处理来获取关联规则，既可以用子格合并形成完整概念格中提取规则，也可在子格中分别提取规则，再从子格的规则集中获取完整的有效规则集，都将极大地降低规则提取的复杂度，具有重要的理论和实践意义。

本文的主要研究内容及成果如下：

(1) 提出并实现了两种基于属性的概念格生成算法，特别是基于属性的概念格渐进式生成算法。

(2) 从形式背景的纵向、横向合并出发，定义了两种类型的形式背景和概念格；证明了横向合并的子形式背景的概念格和子背景所对应的子概念格的横向并是同构的；结合子概念格中概念间固有的泛化-特化关系，继承已有的概念格渐进式构造算法，并对其进行改造，形成能满足多个子概念格合并处理要求的算法。

(3) 为了便于提取最小无冗余的关联规则，定义了量化封闭项集格；发现了提取最小无冗余关联规则的关键是找出格中每个节点的项集所对应的同交易的频繁项集集合中的最小项集的集合，并给出采用幂集和差集两种方案分别获取该最小项集的集合 SLIT 的算法；给出了从量化封闭项集格直接提取最小无冗余的关联规则的算法。

(4) 提出了全局简洁关联规则的概念，并给出了利用概念格提取全局简洁关联规则的算法。

(5) 为了实现对最小无冗余的关联规则的更新，对量化封闭项集格的结构作了进一步的扩充，提出了量化规则格，实现了概念格更新的同时，对最小无冗余的关联规则所对应的最小项集集合 SLIT 的更新。

(6) 提出了利用概念格的分布处理获取关联规则的两种方案，分别给出了其框架图，并对部分规则集如何核查其在全局数据库中的有效性和最终有效规则的集成等问题做了一定的研究，并给出了简单实例以验证其正确性。

概念格分布处理与基于概念格分布处理框架的知识发现所需的各种理论和技术，本文提出了一些新的思想和新的算法，但还存在一些不足，需要进一步的深入研究。在现有工作的基础上，我们将在以下几个方面开展进一步的研究：

(1) 对形式背景的拆分方案即可采用均等拆分也可采用随机拆分。明显地，采用均等拆分虽然简单，但不一定是最佳方案。拆分个数不同其效果也不相同，但并不是拆分越细效果越好。一种极端的情况，对于 n 个属性的形式背景如果拆分为 n 个子形式背景，则 HUMCL 算法实际上就退化为 CLIF_A 算法。因此，研究针对不同的形式背景采用何种拆分方案是进一步要研究的一项有意义的工作。

(2) 对利用概念格分布处理来获取规则的算法，本文只考虑了随着事务数据库中记录的增加而进行的处理，也就是对提取规则来说，只涉及了纵向的处理问题；研究事务数据库中项集的增加即横向的分布处理问题也是值得进一步研究的内容。

(3) 本文研究涉及的数据都是确定的数据。实际上，不精确或模糊的数据可能更符合实际情况。因此，如何把对确定数据的研究成果推广到不精确的数据，即对模糊或粗糙的数据进行处理是一个非常值得进一步研究的课题。

参考文献

[1] Ganter B, Wille R. Formal Concept Analysis: Mathematical Foundations. Berlin: Springer-Verlag, 1999.

[2] B. Fernandez-manjon, A. Fernandez-Valmayor. Building Educational tools based on formal concept analysis, Education and information technologies, 1998(3), 187 - 201.

[3] 刘宗田. 容差近似空间的广义概念格模型研究. 计算机学报, 2000, 23(1): 66 - 70.

[4] U Krohn, N J Davies and R Weeks. Concept lattices for knowledge management, BT Technol J, 1999, 17 (4): 118 - 116.

[5] S. O. Kuznetsov. Machine Learning on the Basis of Formal Concept Analysis. Automation and Remote Control, 2001, 62(10): 1543 - 1564.

[6] Sergei O. Kuznetsov, Sergei A. Obiedkov. Algorithms for the Construction of Concept Lattices and their Diagram Graphs. PKDD 2001, LNAI 2188, 2001: 289 - 300.

[7] Sergei O. Kuznetsov, Sergei A. Obiedkov. Comparing Performance of Algorithms for Generating Concept Lattices, ICCS'01, 2001: 35 - 47.

[8] Godin R, Missaoui R, Alaoui H. Incremental concept formation algorithms based on Galois (concept) lattices. Computational Intelligence, 1995, 11(2): 246 - 267.

[9] 谢志鹏, 刘宗田. 概念格的快速渐进式构造算法. 计算机学报, 2002, 25(5): 490 - 496.

[10] Petko Valtchev, Rokia Missaoui. Building Concept (Galois) Lattice from Parts: Gennralizing the Incremental Methods, ICCS 2001, 2001: 290 - 303.

[11] P. Valtchev, R. Missaoui, P. Lebrun. A partition-based approach towards constructing Galois (concept) lattices, Discrete Mathematics 2002,256: 801 - 829.

[12] Agrawal R, R. Srikant. Fast algorithms for mining association rules. Proc. of the 20th international Conference of VLDB, 1994: 487 - 499.

[13] Han J. ,Kamber M. Data Mining: Concepts and Techniques. Morgan Kaufmann Publisher,2000.

[14] N. Pasquier, Y. Bastide et al. Efficient Mining of Association Rules Using Closed Itemset Lattices. Information Systems, 1999,24(1): 25 - 46.

[15] M. J. Zaki, C. J. Hsiao. CHARM: an Efficieent Algorithm for Closed Association Rule Mining. Technical report 99 - 10,1999.

[16] J. Pei, J. Ha and R. Mao. CLOSET: An Efficient Algorithm for Mining Frequent Closed Itemsets. Proc. of the ACM SIGMOD workshop on Research Issues in Data Mining and Knowledge Discovery, 2002,1 - 30.

[17] 王志海,胡可云,胡学钢,等. 概念格上规则提取的一般算法与渐进式算法. 计算机学报,1999,22(1): 66 - 70.

[18] K. Waiyamai, L. Lakhal. Knowledge Discovery from Very Large databases using frequent concept lattices. ECML 2000, 2000: 431 - 445.

[19] 谢志鹏,刘宗田. 概念格与关联规则发现. 计算机研究与发展, 2000,37(12): 1415 - 1421.

[20] M. J. Zaki. Generating Non-Redundant Association Rules.

Proc. of the 6th international Conference on KDD, 2000: 24 - 43.

[21] Y. Bastide, N. Pasquier et al. Mining Minimal Non-Redundant Association Rules using Frequent Closed Itemsets. LNCS 1861, 2000: 972 - 986.

[22] 高峰,谢剑英. 一种无冗余的关联规则发现算法. 上海交通大学学报,2001, 35(2): 256 - 258.

[23] Godin R, Missaoui R. An incremental concept formation approach for learning from databases, Theoretical Computer Science, 1994, 133: 387 - 419.

[24] 李云,刘宗田,陈崚,等. 基于属性的概念格渐进式生成算法. 小型微型计算机系统,2004, 25(10): 1768 - 1771.

[25] Yun LI, Zong-tian Liu, XiaJiong SHEN et al. Theoretical Research On The Distributed Construction Of Concept Lattices, ICMLC 03, 474 - 479.

[26] 李云,刘宗田,陈崚,等. 多概念格的横向合并算法. 电子学报, 2004,32(11): 1849 - 1854.

[27] Yun LI, Zong-tian Liu, Ling CHEN et al. Extracting Minimal Non-Redundant Associate Rules from QCIL, Proc. CIT'04, 2004: 986 - 991.

[28] LI Yun, Liu Zongtian, CHENG Wei et al. Extracting Minimal Non-Redundant Implication Rules by Using Quantized Closed Itemset Lattice, Proc. of the 16th International Conference on SEKE'04, 2004: 402 - 405.

[29] LI Yun, Liu Zongtian, CHENG Wei et al. Extracting Minimal Non-Redundant Approximate Rules Based on Quantitative Closed Itemset Lattice. 复旦学报: 自然科学版, 2004,43(5): 801 - 804.

[30] 杨学兵,高俊波,蔡庆生. 可增量更新的关联规则挖掘算法. 小

型微型计算机系统,2000,21(6):611-613.

[31] Ganter B, Wille R. Conceptual scaling. In: Roberts F(ed.): Applications of combinatorics and graph theory to the biological and social sciences, Springer -Verlag, 1989: 139-167.

[32] 高峰,谢剑英.多值属性关联规则的理论基础.计算机工程, 2000, 26(11): 47-49.

[33] 王德兴,胡学刚,王浩.基于量化概念格的关联规则挖掘.合肥工业大学学报:自然科学版,2002,25(5):678-682.

[34] ZHANG Sun-lan,ZHANG Ji-fu,GAO Su-fang. New Concept Lattice and Incremental Construction, Journal of Tongji University: Nature Science, 32 Suppl. ,2004: 39-42.

[35] 简宋全,胡学钢,蒋美华.扩展概念格的渐进式构造.计算机工程与应用, 2001,36(15): 132-134.

[36] 吴刚,简宋全,胡学钢,等.扩展概念格的维护.计算机工程与应用, 2002,37(10): 76-78.

[37] 张意德, 简宋全,赵文兵,等.相对约简概念格及其构造. 计算机工程与应用, 2002,37(18): 196-197.

[38] J. S. Deogun, V. V. Raghavan, and H. Sever. Association mining and formal concept analysis, Proc. of RSDMGrC98, 1998: 335-338.

[39] N. Pasquier. Mining Association Rules Using Formal Concept Analysis, Proc. ICCS'2000 Conference, 2000: 259-264.

[40] K. E. Wolff. A Conceptual View of Knowledge Bases in Rough Set Theory,RSCTC 2000, 2001: 220-228.

[41] Keyun Hu, Yuefei Sui, Yuchang Lu et al. Concept Approximation in Concept Lattice, PAKDD 2001, 2001: 167-173.

[42] Oosthuizen G. D. Rough Sets and Concept Lattices. Rough sets, and Fuzzy sets and Knowledge Discovery(RSKD'93), 1994: 24-31.

[43] 陈世权,程里春.模糊概念格.模糊系统与数学,2002,16(4):12-18.

[44] Burusco A, Fuentes R. The Study of the L-fuzzy Concept Lattice. Mathware Soft Comput., 1994, I(3): 209-218.

[45] J. Saquer, J. S. Deogun. A Fuzzy Approach for Approximating Formal Concepts. RSCTC 2000, 2001: 269-276.

[46] A. Tepavcevic, G. Trajkovski. L _ fuzzy Lattices: an Introduction. Fuzzy set and system, 2001, 123: 209-218.

[47] Qiang Wu, Zongtian Liu, Yun Li. Rough formal concepts and their accuracies, Proceedings of the Services Computing, IEEE International Conference on SCC'04, 2004: 445-448.

[48] 强宇,刘宗田,吴强,等.模糊概念格在知识发现中的应用研究.计算机科学,2005,32(1):182-184.

[49] Missaoui R, Godin R. Extracting exact and approximate rules from databases. In: AlagarV S, Bergler S, Dong F Q (Eds). Incompleteness and Uncertainty in nformation Systems. 1994: 209-222.

[50] Keyun Hu, Yuchang Lu, Chunyi Shi. Incremental Discovering Association Rules: A Concept Lattice Approach, PAKDD'99, 1999: 109-113.

[51] 赵奕,施鹏飞,熊范能.概念格递增修正关联规则挖掘算法.上海交通大学学报:自然科学版,2000,35(5):684-687.

[52] Agrawal R, Tomasz Imielinski and Arun N. Swami. Mining Association Rules between Sets of Items in Large Database. Proc. of the ACM SIGMOD Conference on Management of Date. 1993: 207-216.

[53] Petko Valtchev, Rokia Missaoui, Robert Godin. A Framework for Incremental Generation of Frequent Closed Itemsets. http://citeseer.nj.nec.com/valtchev02framework.html.

[54] Petko Valtchev, Rokia Missaoui, Robert Godin, Mohamed Meridji. Generating frequent itemsets incrementally: two novel approaches based on Galois lattice theory. Journal of Experimental and Theoretical Artificial Intelligence, 2002, 14(2-3): 115-142.

[55] Sahami M. Learning classification rules using lattices. Proc. of the ECML-95, 1995: 343-346.

[56] Njiwoua P, Mephu Nguifo E. Forwarding the choice of bias, LEGAL-F: using feature selection to reduce the complexity of LEGAL. Proc. of BENELEARN-97, 1997: 89-98.

[57] 胡可云,陆玉昌,石纯一. 基于概念格的分类及关联规则的集成挖掘算法. 软件学报,2000,11(11): 1478-1484.

[58] Bordat J P. Calcul pratique du treillis de galois d'une correspondance. Mathématiques et Sciences. Humaines, 24eme année, 1986, 96: 31-47.

[59] Godin R, Missaoui R, April A. Experimental comparison of navigation in a Galois lattice with conventional information retrieval methods. International Journal of Man-Machine Studies, 1993, 38: 747-767.

[60] Carpineto C, Romano G. A lattice conceptual clustering system and its application to browsing retrieval. Machine Learning, 1996, 24: 95-122.

[61] Uta Priss A Graphical Interface for Document Retrieval Based on Formal Concept Analysis. Proc. of the 8th Midwest Artificial Intelligence and Cognitive Science Conference. 1997, CF-97-01: 66-70.

[62] Uta Priss. Lattice-based Information Retrieval. Knowledge Organization, 2000, 27(3): 132 - 142.

[63] Uta Priss. Knowledge Discovery in Databases Using Formal Concept Analysis. Bulletin of ASIS 2000, 27(1): 18 - 20.

[64] S. K. Bhatia and J. S. Deogun Conceptual Clustering in Information Retrieval, IEEE Transactions on Systems, Man & Cybernetics, 1998, 28(3): 427 - 436.

[65] Carpineto C, Romano G. Information Retrieval through Hybrid Navigation of Lattice Representations. Int. J. Human-Computer Studies 1996, 45: 553 - 578.

[66] Neuss C, Kent R E. Conceptual Analysis of Resource. Meta-Information. http://www.lgd.fhg.de/~neuss.1999.

[67] Eklund P W, Martin P. WWW Indexation and document navigation using conceptual structures. Proc. 2nd IEEE Conference on ICIPS'98, 1998: 217 - 221.

[68] 金阳,左万利. 有序概念格与WWW用户访问模式的增量挖掘. 计算机研究与发展,2003,40(5): 675 - 683.

[69] 杨飞. 基于概念格的Web日志路径挖掘算法. 计算机科学, 2004,31(3): 115 - 117.

[70] Godin R, Mineau G, Missaoui R, St-Germain M & Faraj N. Applying concept formation methods to software reuse. International Journal of Knowledge Engineering and Software Engineering, 1995, 5(1): 119 - 142.

[71] Lindig C. Concept-based component retrieval. Proc. IJCAI - 95 Workshop on Formal Approaches to the Reuse of Plans, Proofs, and Programs, 1995.

[72] Godin R, Mili H, Mineau G. W, Missaoui R, Arri A&Chau T-T. Design of class hierarchies based on concept (Galois) lattices. Theory and Application of Object Systems, 1998, 4

(2): 117－134.

[73] Lindig C, Snelting G. Assessing modular structure of legacy code based on mathematical concept analysls. Proc. International Conference on Software Engineering(ICSE 97), 1997: 349－359.

[74] Schmitt I., Saake G. Merging Inheritance hierarchies for schema Integration based on concept lattices. Technical Report, UNIMD－CS－97－6, 1997.

[75] P. Funk, A. Lewien, G. Snelting. Algorithms for Concept Lattice Decomposition and their Application, Report 95－09, Computer Science Department, Technische Universit Braunschweig, 1995.

[76] G. Snelting. Reengineering of Configurations based on Mathematical Concept Analysis. Technical Report TR－95－02, Software Technology Department, Technical University of Braunschweig, 1995.

[77] Cole R, Eklund P W. Scalability In formal concept analysis. Computational Intelligence, 1999, 15(1): 11－27.

[78] Kent R E, Bowman C M. Digital Libraries, Conceptual knowledge systems and the Nebula Interface. Technical report, University of Arkansas, 1995.

[79] R. Cole, P. Eklund. Analyzing an Email Collection using Formal Concept Analysis, European Conf. on PKDD'99, 1999: 309－315.

[80] Cole R, Stumme G. CEM: A conceptual emall manager Proc. of 7th International Conference on ICCS'2000, 2000: 438－452.

[81] Chein, M. Algorithme de Recherche des Sous-Matrices Premières d'une Matrice. Bull. Math. Soc. Sci. Math. R. S.

Roumanie，13，21－25.

[82] Ganter，B. Two Basic Algorithms in Concept Analysis. Preprint 831，Technische Hochschule Darmstadt，1984.

[83] Alaoui，H. Algorithmes de Manipulation du Treillis de Galois d'une Relation Binaire et Applications. Masters Thesis，Université du Québec à Montréal，1992.

[84] Stumme G，Taouil R，Bastide Y，Pasquier N，Lakhal L. Fast computation of concept lattices using data mining techniques. Proc. of KRDB 2000，2000：129－139.

[85] Nourine L，Raynaud O. A fast algorithm for building lattices. Information Processing Letters，1999，71：199－204.

[86] Lindig C. Fast concept analysis. Proc. of the 8th International Conference on Conceptual Structures（ICCS 2000），2000：152－161.

[87] Njiwoua P，Mephu Nguifo E. A Parallel Algorithm to build concept lattice，Proc. of 4th Information Tech. Conf. for students，1997：103－107.

[88] 赵文兵. 基于概念格及其扩展模型的数据挖掘研究. 硕士学位论文. 合肥：合肥工业大学，2002.

[89] 屠丽，陈峻，李云. 一种基于属性的概念格生成及维护算法. 计算机应用，2004，24(10)：116－118.

[90] Alexander Maedche，Valentin Zacharias. Clustering Ontology-based Metadata in the Semantic Web. http：//www.fzi.de/wim，2002.

[91] Zongtian Liu，Liangsheng Li，Qing Zhang. Research on a Union Algorithm of Multiple Concept Lattices. RSFDGrC 2003，2003：533－540.

[92] 陆丽娜，陈亚萍等. 挖掘关联规则中 Apriori 算法的研究. 小型微型计算机系统，2000，21(9)：940－943.

[93] Pei J, Han J. Mining Frequent Itemsets with Converible Constrains. Proc. ICDE'01, 2001: 433-442.

[94] Toivonen H. Sample Large Databases for Association Rules. Proc. of the 22nd Conference on Very Large Databases (VLDB'96), 1996: 134-145.

[95] Savasere A, Omiecinski E Navathe S. An Efficient Algorithm for Mining Association Rules in Large Databases. Proc. of the 21th Conference on Very Large Databases (VLDB'95), 1995: 432-444.

致　谢

本论文的研究工作得到了国家自然科学基金项目“分布式概念格数学模型及算法研究”（编号 60275022）的资助，在此首先表示感谢。

本论文的研究工作是在导师刘宗田教授的悉心指导下完成的。导师渊博的知识、严谨求实的治学态度和勇于创新的工作精神使我受益匪浅，导师的谆谆教诲、富有启发性的建议也必将在以后的学习、工作和生活中使我受益终生，在此表示衷心的感谢。同时，特别感谢在我的学习上给予直接指导和帮助的吴耿锋、缪淮扣等老师。

另外，要感谢上海大学计算机科学与工程学院各位领导和老师，他们为我的学习生活创造了便利的条件，使我得以顺利地完成三年的学业。特别要感谢计算机学院的吴悦老师、研究生教学秘书盛青老师等，我的所有成就离不开她们的帮助和关心。

我也深深地感谢和我在一起学习一起生活的同窗学友博士生沈夏迥、强宇、刘炜、吴绍春、吴强、时百胜等，和他们进行学术上的讨论使我开阔了视野，拓宽了思路，和他们在一起使我的学习生活增添了许多乐趣。还要感谢我的工作单位——扬州大学信息学院和计算机系的领导陈崚教授、沈洁教授和其他同事们的支持以及研究生徐晓华、程伟、谢翠华、蔡俊杰等同学的帮助；还要感谢已毕业的师兄弟王志海、谢志鹏、张卿、邵堃等对我的帮助。

我还要深深地感谢我的岳父、妻子、儿子等所有家人和亲戚。在我的求学生涯中岳父帮助我辅导儿子的学习；妻子在家照顾老人和孩子的生活，给了我巨大的支持和鼓励，帮助我乐观地看待各种挫折，使我能够全身心地投入到学习当中。

最后，再次感谢所有关心和帮助过我的人们！